普通高等教育机械类系列教材

机床电气控制系统实验指导书

主　编　蒋　嵘　吴晨曦

副主编　伍　新　钟　超　王高升　黄彩霞　刘　兰

西安电子科技大学出版社

内容简介

本书贯彻"以学生为中心，学生学习与发展成效驱动"的教育教学理念，突出应用型人才培养特色。全书内容包括绪论、机械控制工程实验、工程测试技术实验、机床电气及PLC控制实验和机电传动与控制实验。书中的重点实验配有视频和课件，读者可扫描二维码观看。

本书可作为高等学校机械、机电、机器人等专业的"机床电气及PLC控制""机械控制工程""机电传动与控制""机电设备故障诊断""机械测试技术"等课程的实验教材，也可作为相关专业教师和学生的参考书。

图书在版编目(CIP)数据

机床电气控制系统实验指导书/蒋嵘，吴晨曦主编. --西安：西安电子科技大学出版社，2023.8

ISBN 978-7-5606-7037-9

Ⅰ. ①机… Ⅱ. ①蒋… ②吴… Ⅲ. ①机床—电气控制系统—实验 Ⅳ. ①TG502.34-33

中国国家版本馆CIP数据核字(2023)第178080号

策　　划　吴祯娥　杨丕勇
责任编辑　程广兰　武翠琴
出版发行　西安电子科技大学出版社(西安市太白南路2号)
电　　话　(029)88202421　88201467　　邮　　编　710071
网　　址　www.xduph.com　　电子邮箱　xdupfxb001@163.com
经　　销　新华书店
印刷单位　广东虎彩云印刷有限公司
版　　次　2023年8月第1版　2023年8月第1次印刷
开　　本　787毫米×1092毫米　1/16　印张　7
字　　数　161千字
印　　数　1～1000册
定　　价　29.00元
ISBN 978-7-5606-7037-9/TG
XDUP 7339001-1

前　言

实验教学是高等学校教学工作的重要组成部分，是培养创新人才的重要途径。通过实验教学，不仅可以验证课堂中的理论知识，加深学生对理论知识的理解，还可以培养学生的动手能力、观察分析能力和创新能力。

本书是在湖南工程学院机械工程学院控制课程实验教学改革研究和实践的基础上，以培养学生扎实的专业技能、较强的创新设计能力和全面的综合素质为目标，根据人才培养计划、课程教学大纲、实验教学大纲、实践教学大纲和毕业设计教学大纲的要求编写而成的。

本书详细介绍了"机械控制工程""工程测试技术""机床电气及 PLC 控制""机电传动与控制"课程的 31 个实验，不同专业的学生可选择不同的实验进行操作。为了进行混合式教学改革探索，有些实验中增加了线上实验，学生可以课前在计算机上进行虚拟仿真。

为了落实立德树人根本任务，本书在课程思政融入教材建设方面进行了有益尝试，在每个实验末设置了"每课一星"专栏，强化了教材在坚定理想信念、厚植爱国主义情怀、提升职业素养等方面的铸魂育人功能。

本书是湖南省普通高等学校教学改革研究项目——"基于虚拟仿真的机电实验教学改革与探究"(湘教通〔2021〕298 号，项目编号：HNJG－2021－0835)和"'三全育人'视域下机械类实验教学课程思政研究与实践"(湘教通〔2022〕248 号，项目编号：HNJG－2022－0972)的研究成果。

蒋嵘、吴晨曦担任本书主编，伍新、钟超、王高升、黄彩霞、刘兰担任副主编。本书的出版得到了武汉德普施科技有限公司的授权，同时本书的编写得到了武汉华科机电工程技术有限公司熊振鹏教授以及湖南工程学院谭季秋、刘云峰的大力支持，在此一并表示感谢。

限于编者水平，书中难免存在疏漏之处，敬请读者批评指正。

编　者

2023 年 5 月

目　录

绪　论

一、实验课程概述

机械工程师不仅需要具备传统的机械学科知识与专业技能，还应掌握现代设计制造理论，了解数字化网络制造、信息技术、自动化技术等跨学科的相关知识，重视产品全生命周期生产流程的相关知识，具备多学科交叉思考问题的能力。

实验教学作为实践教学的重要环节，是帮助学生巩固理论知识和加深对理论认识的有效途径之一，是培养具有创新意识的高素质工程技术人才的重要环节，是培养学生掌握科学方法和提高动手能力的重要平台，在高等工程教育和教学体系中具有举足轻重的作用。

实验课程不仅可以向学生传授知识，验证科学理论，帮助学生掌握实验技能，而且在引导学生掌握科学思维方法、提高分析和解决问题的能力、培养创新精神、养成优良的工作作风等方面具有不可替代的作用。

二、实验要求

实验课程涉及机械、电气等不同专业的知识，其危险源众多。因此，请同学们牢记“安全第一”的原则，并做到以下几点：

(1) 实验课前，认真预习本实验指导书，了解实验目的、实验内容，写出实验预习报告，复习教材中的相关内容，为实验课做好充分准备。

(2) 必须携带实验指导书、实验报告、理论课本、笔，准时参加实验，不得随意迟到、早退。

(3) 实验课前，务必在实验室工作日志上签到；实验完成后，在实验仪器记录本上记录仪器的工作情况和学生姓名。

(4) 在实验中要独立思考，认真完成实验，并且详细记录调试过程。

(5) 实验过程中要注意安全，防止意外发生，如出现异常现象或发生事故，应立即停止实验，及时报告指导老师，在老师的指导下检查、处理相关问题。

(6) 做完实验后必须先终止程序，再关闭电控柜电源，然后关闭微型计算机，最后清除接线，清扫机床并涂防锈油。

(7) 实验报告是实验教学的一个重要环节，是老师检验教学效果的重要依据。每位同学务必独立完成实验报告，严禁抄袭。

(8) 遵守实验室的各项规章制度和操作规程，切实维护人身安全和设备安全。若漏做实验，应及时和实验中心联系并补做实验。

三、实验小窍门

1. 注意理论知识与实践知识相结合，综合应用所学知识

实验课程的学习与理论课程的学习平行进行。在实验中，学生应进一步巩固所学的理论知识，用理论联系实际的方法分析和解决工程中的实际问题，并将多门学科的理论基础知识有机结合。将当前的学习内容与已学知识相联系，形成自己的知识体系。为了培养设计能力，学生应尽可能综合利用各种实验设备和仪器构思出新的实验方案。

2. 重视实际动手能力的培养，养成一丝不苟的工作作风

由于实验课程以学生实际动手操作为主，因此学生要具有较强的实际动手能力。为了培养实际动手能力，学生不仅要学会规范地操作和使用各种仪器、设备和工具，还要养成一丝不苟、精益求精的工作态度。

3. 养成重视分析和思考的习惯，培养创新能力

在实验过程中，一些学生仅按照实验步骤简单模仿，而不对实验结果进行独立分析和积极思考，没有真正做到学思结合、知行合一。在实验过程中，师生之间、同学之间应积极讨论，对于符合预期的实验结果，分析并总结经验、原理；对于不符合预期的实验结果，找出原因，提出改进方法，从而培养工程实践思维。

4. 具有顽强进取的坚韧毅力及团队协作的精神

学生应养成吃苦耐劳的精神，克服实验过程中的各种困难，不怕苦、不怕累，勇于进取，严格按照要求完成实验。同时，同学之间还要团结协作，并与老师多交流、讨论。一个人的智慧是有限的，在规定的时间内完成一个较复杂的综合设计型实验往往需要多人分工协作。

第1章　机械控制工程实验

“机械控制工程”课程是机械类专业一门主要的专业基础课，其主要内容包括控制系统的数学模型、控制系统的时域分析、控制系统的频率特性、控制系统的稳定性分析、控制系统的稳态误差分析和控制系统的综合校正。

“机械控制工程”课程的能力培养要求如下：

(1) 能够掌握机械控制的基本理论和基本分析方法，对机电系统中存在的问题能够以控制论的观点和思维方法进行科学分析，以找出问题的本质和有效的解决方法，从而培养学生发现问题、解决问题的基本能力。

(2) 能够对机电液控制系统建立数学模型，并运用常用的时域分析法、频域分析法和计算机辅助设计方法(如 MATLAB)等对系统进行分析和计算。

(3) 掌握自动控制系统的稳定性、稳态特性、动态特性的概念、指标、分析计算和校正的方法，并能够结合生产实际情况，运用理论分析和解决工程中的实际问题。同时，能够为工程中的典型机电液系统初步设计控制系统。

“机械控制工程实验”课程是一门理论验证型课程，即结合理论课开设一系列相应的实验，使学生能够理论与实践相结合，从而更好地掌握控制理论。通过实验，学生可以了解典型环节的特性、模拟仿真方法及控制系统的分析与校正方法。

实验 1.1　MATLAB 的基本操作和使用

一、实验目的

(1) 熟悉 MATLAB 软件的界面，掌握 MATLAB 软件的基本使用方法。
(2) 熟悉 MATLAB 的数据表示、基本运算。
(3) 熟悉 MATLAB 的符号运算及相关操作。
(4) 熟悉 MATLAB 的绘图命令。

二、实验设备

PC(含编程软件 MATLAB)，1 台。

三、实验内容

1. MATLAB 帮助命令的使用

使用 help 命令(或菜单)，查找 sqrt(开方)、polar(极坐标画图)等函数的使用方法及命令格式。

2. 矩阵运算

(1) 矩阵的乘法。已知 $\boldsymbol{A}=\begin{pmatrix}1 & 2\\3 & 4\end{pmatrix}$，$\boldsymbol{B}=\begin{pmatrix}5 & 5\\7 & 8\end{pmatrix}$，求 $\boldsymbol{A}^2\boldsymbol{B}$。

(2) 矩阵的除法。已知 $\boldsymbol{A}=\begin{pmatrix}1 & 2 & 3\\4 & 5 & 6\\7 & 8 & 9\end{pmatrix}$，$\boldsymbol{B}=\begin{pmatrix}1 & 0 & 0\\0 & 2 & 0\\0 & 0 & 3\end{pmatrix}$，求 $\boldsymbol{A}\backslash\boldsymbol{B}$ 和 $\boldsymbol{A}/\boldsymbol{B}$。

(3) 矩阵的转置及共轭转置。已知 $\boldsymbol{A}=\begin{pmatrix}5+\mathrm{i} & 2-\mathrm{i} & 1\\6\mathrm{i} & 4 & 9-\mathrm{i}\end{pmatrix}$，求 $\boldsymbol{A}^{\mathrm{T}}$ 和 $\boldsymbol{A}^{\mathrm{H}}$。

(4) 使用冒号表达式选出指定元素。已知 $\boldsymbol{A}=\begin{pmatrix}1 & 2 & 3\\4 & 5 & 6\\7 & 8 & 9\end{pmatrix}$，求 $\boldsymbol{A}$ 中第 3 列前 2 个元素，以及 $\boldsymbol{A}$ 中所有列中第 2 行、第 3 行的元素。

(5) 方括号[]的使用。用 magic 函数生成一个 4 阶魔术矩阵，并删除该矩阵的第 4 列。

3. 多项式

(1) 求多项式 $P(x)=x^4+9x^3+8x^2-12x+1$ 的所有根。

(2) 创建多项式 $f(x)=x^6+2x^5-5x^4+6x^3-x^2+9x+3$，并求 x 分别等于 1、±3 及 ±7 时的值。

(3) 分别求上面两个多项式的导数和积分。

(4) 求上面两个多项式相加、相乘及相除(/)的结果。

4. 解线性方程组

求下列方程组中 x 的值：

$$\begin{cases}2x_1+x_2-5x_3+x_4=8\\x_1-3x_2-6x_4=9\\2x_2-x_3+2x_4=5\\x_1+4x_2-7x_3+6x_4=0\end{cases}$$

5. 基本绘图命令

(1) 绘制余弦曲线 $y=\cos t$，$t\in[0,\ 2\pi]$。

(2) 在同一坐标系中，绘制余弦曲线 $y(t)=\cos(t-0.25)$ 和正弦曲线 $y(t)=\sin(t-0.5)$，$t\in[0,\ 2\pi]$。

(3) 以子图的形式(subplot命令)在一个图框中显示上面两条曲线。

6. 基本绘图控制

绘制$[0,\ 4\pi]$区间上的曲线 $x_1=10\sin t$，并满足以下要求：

(1) 线形为点画线，颜色为红色，数据点标记为加号；

(2) 坐标轴控制：显示范围、刻度线、比例、网格线；

(3) 标注控制：坐标轴名称、标题、相应文本。

每 课 一 星

“两弹一星”元勋于敏，核物理学家，国家最高科学技术奖获得者，“共和国勋章”获得者，在中国氢弹原理突破中解决了一系列基础问题，提出了从原理到构形基本完整的设想。

实验 1.2 控制系统的时域分析

一、实验目的

(1) 了解系统参数对阶跃响应特性的影响。

(2) 分析二阶系统无阻尼自然频率 ω_n、有阻尼自然频率 ω_d、阻尼比 ζ 与过渡时间 t_s、超调量 σ 之间的关系，了解阻尼比 ζ 和时间常数 T 对系统动态特性的影响。

二、实验设备

PC(含编程软件 MATLAB)，1 台。

三、实验原理

若一个控制系统能用二阶微分方程来描述，则称它为二阶系统。研究二阶系统的瞬态响应具有特别重要的意义。这是因为二阶系统的瞬态响应具有典型性，控制系统的动态性能指标是根据二阶系统的瞬态响应定义的。而且在工程实践中，在一定条件下，可以把一个高阶系统近似为二阶系统来处理，这样的近似处理可以大大简化分析方法，减少计算量，且不失其动态过程的基本性质。

对于具有标准形式传递函数的二阶系统，其闭环传递函数 $G(s)$ 的标准形式如下：

$$G(s)=\frac{C(s)}{R(s)}=\frac{\omega_n^2}{s^2+2\zeta\omega_n s+\omega_n^2}$$

式中，$R(s)$ 和 $C(s)$ 分别为输入和输出(s 为复变量)；ω_n 为无阻尼自然频率，ζ 为阻尼比，它们是二阶系统的两个性能参数，系统的特性(包括瞬态响应)均可用这两个参数加以描述。

(1) 当 $0<\zeta<1$ 时，系统具有一对实部为负数的共轭复数极点，系统处于欠阻尼状态，该状态下系统的时间响应具有振荡特性。

(2) 当 $\zeta=1$ 时，系统具有两重实数极点，系统处于临界阻尼状态，该状态下系统的时间响应不振荡。

(3) 当 $\zeta>1$ 时，系统具有两个不等的实数极点，系统处于过阻尼状态，该状态下系统的时间响应不振荡。

实际上，大量的系统，特别是机械系统，几乎都可用高阶微分方程来描述。这种用高阶微分方程描述的系统叫作高阶系统。对高阶系统的研究和分析一般是比较复杂的。这就要求在分析高阶系统时，抓住主要矛盾，忽略次要因素，使问题简化。

在 MATLAB 中，可以用 impulse 函数、step 函数和 lsim 函数对线性连续系统的时间响应进行仿真计算。其中，impulse 函数用于生成单位脉冲响应；step 函数用于生成单位阶跃响应，lsim 函数用于生成对任意输入的时间响应。

求出系统的单位阶跃响应后，根据系统瞬态性能指标的定义，可以得到系统的过渡时

间 t_s、峰值时间 t_p、超调量 σ、无阻尼自然频率 ω_n、有阻尼自然频率 ω_d 等性能参数。

四、实验内容

1. 典型二阶系统的研究

(1) 根据图 1.1 所示的典型二阶系统的原理方框图(其中，T 为积分环节的时间常数，s 为复变量，K_1 为惯性环节的放大系数，$E(s)$为偏差，T_1 为惯性环节的时间常数)，用 MATLAB 进行时域分析，将所选参数及此参数下对应的阶跃响应曲线、响应状态和极点分布图填于表 1.1 中。

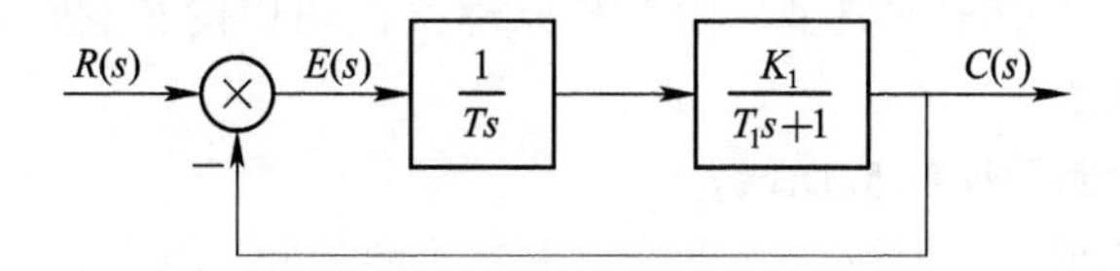

图 1.1　典型二阶系统的原理方框图

(2) 观察系统阶跃响应曲线，并列表记录二阶系统的主要性能指标。

(3) 对所观察到的阶跃响应曲线进行分析。

表 1.1　二阶系统的主要性能指标

阻尼比	ω_n	ω_d	$\sigma/(\%)$		t_p		t_s		阶跃响应曲线	响应状态	极点分布图
			测量值	计算值	测量值	计算值	测量值	计算值			
$\zeta>1$											
$\zeta=1$											
$0<\zeta<1$											

2. 典型三阶系统的研究

典型三阶系统的原理方框图如图 1.2 所示，图中 T_0 为积分环节的时间常数，T_1、T_2 为惯性环节的时间常数，K_1、K_2 为惯性环节的放大系数。

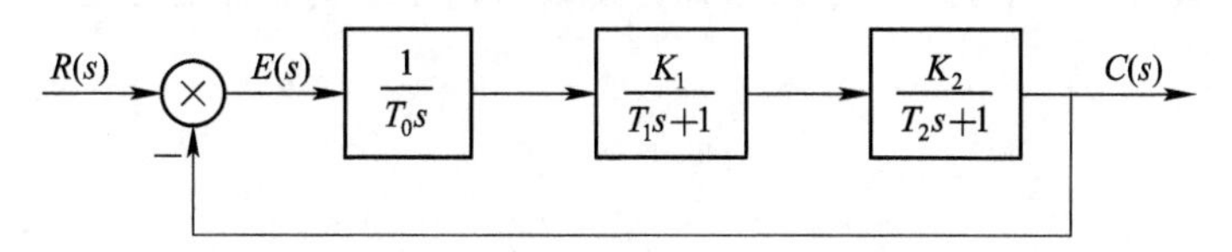

图 1.2　典型三阶系统的原理方框图

(1) 选取不同的参数值，观察 $\zeta>1$、$\zeta=1$、$0<\zeta<1$ 情况下系统的阶跃响应曲线。

(2) 在表 1.2 中记录三阶系统的阶跃响应曲线，并分析其稳定性。

表 1.2 三阶系统的阶跃响应曲线

阻尼比	阶跃响应曲线	稳定性
$\zeta>1$		
$\zeta=1$		
$0<\zeta<1$		

五、实验步骤

(1) 计算出如图 1.1 所示的典型二阶系统原理方框图中的传递函数，推导出二阶系统的两个性能参数 ω_n 和 ζ；

(2) 编写程序，绘制阶跃响应曲线；

(3) 观察阶跃响应曲线，记录二阶系统的主要性能指标，填入表 1.1；

(4) 观察阶跃响应曲线，分析三阶系统的稳定性，填入表 1.2。

六、实验报告要求

(1) 写出系统的两个性能参数 ω_n 和 ζ 的推导过程。

(2) 绘制阶跃响应曲线并填写表 1.1 和表 1.2。

七、思考题

(1) 在典型二阶系统中，改变放大系数对系统的动态性能有何影响？阻尼比对系统的动态性能有何影响？

(2) 在典型三阶系统中，放大系数变化对系统的稳定性有何影响？

每课一星

“两弹一星”元勋钱学森，中国空气动力学家和系统科学家，工程控制论创始人之一，中国人民解放军特级文职干部、一级英雄模范，中国科学院院士暨中国工程院院士。他被誉为“中国航天之父”“中国导弹之父”“中国自动化控制之父”“火箭之王”。由于钱学森的回国效力，中国导弹、原子弹的发射时间至少向前推进了20年。

实验1.3　系统频率特性的测量

一、实验目的

掌握使用MATLAB进行系统频域分析的方法。

二、实验设备

PC(含编程软件MATLAB)，1台。

三、实验原理

幅频特性和相频特性统称为系统的频率特性。频率特性的极坐标图又称为Nyquist图，也称为幅相频率特性图。频率特性的对数坐标图又称为Bode图。对数坐标图由对数幅频特性图和对数相频特性图组成，分别表示幅频特性和相频特性。

设系统的频率特性可表示为

$$G(\mathrm{j}\omega)=|G(\mathrm{j}\omega)|\mathrm{e}^{\mathrm{j}\varphi(\omega)} \tag{1.1}$$

取自然对数，得

$$\ln G(\mathrm{j}\omega)=\ln|G(\mathrm{j}\omega)|+\mathrm{j}\varphi(\omega) \tag{1.2}$$

式(1.2)中的实部$\ln|G(\mathrm{j}\omega)|$是频率特性模的对数，虚部是频率特性的幅角。用这种方法表示的频率特性包含两条曲线：一条是$\ln|G(\mathrm{j}\omega)|$与ω之间的关系曲线，称为对数幅频特性；另一条是$\varphi(\omega)$与ω之间的关系曲线，称为对数相频特性。两条曲线组成了Bode图。

四、实验内容

典型二阶系统的传递函数为

$$G_{\mathrm{c}}(s)=\frac{\omega_{\mathrm{n}}^2}{s^2+2\zeta\omega_{\mathrm{n}}s+\omega_{\mathrm{n}}^2} \tag{1.3}$$

(1) 绘制$\zeta=0.7$，ω_{n}取2、4、6、8、10、12时的Bode图；

(2) 绘制$\omega_{\mathrm{n}}=6$，ζ取0.2、0.4、0.6、0.8、1.0、1.5、2.0时的Bode图。

五、实验步骤

(1) 编写程序，绘制$\zeta=0.7$，ω_{n}取2、4、6、8、10、12时的Bode图；

(2) 观察以上Bode图，分析当ζ不变、ω_{n}变化时截止频率、相角交界频率、幅值裕度与相角裕度之间的变化特点；

(3) 编写程序，绘制$\omega_{\mathrm{n}}=6$，ζ取0.2、0.4、0.6、0.8、1.0、1.5、2.0时的Bode图；

(4) 观察以上Bode图，分析当ω_{n}不变、ζ变化时截止频率、相角交界频率、幅值裕度与相角裕度之间的变化特点。

六、实验报告要求

(1) 写出程序，绘制 $\zeta=0.7$，ω_n 取 2、4、6、8、10、12 时的 Bode 图。

(2) 说明当 ζ 不变、ω_n 变化时截止频率、相角交界频率、幅值裕度与相角裕度之间的变化特点。

(3) 写出程序，绘制 $\omega_n=6$，ζ 取 0.2、0.4、0.6、0.8、1.0、1.5、2.0 时的 Bode 图。

七、思考题

说明当 ω_n 不变、ζ 变化时截止频率、相角交界频率、幅值裕度与相角裕度之间的变化特点。

每课一星

"两弹一星"吴自良，材料学家，中国科学院院士。20 世纪 50 年代，他从事苏联低合金钢 40X 代用品的研究，对中国低合金钢体系的建立起了推动作用。20 世纪 60 年代，他领导并完成了铀同位素分离用的"甲种分离膜"的研制任务，在分离铀 235 同位素方面做出了突出贡献。

实验1.4　MATLAB在控制系统中的应用

一、实验目的

(1) 掌握使用MATLAB、Simulink对系统进行时域分析的方法。

(2) 掌握使用MATLAB对系统进行根轨迹分析法。

二、实验设备

PC(含编程软件MATLAB)，1台。

三、实验内容

1. 时域分析

(1) 已知传递函数模型为

$$G(s)=\frac{5(s^2+5s+6)}{s^3+6s^2+10s+8} \tag{1.4}$$

绘制其单位阶跃响应曲线，并从图上读取最大超调量，同时绘制系统的单位脉冲响应曲线。

(2) 典型二阶系统的传递函数为

$$G_c(s)=\frac{\omega_n^2}{s^2+2\zeta\omega_n s+\omega_n^2} \tag{1.5}$$

① 绘制$\zeta=0.7$，ω_n取2、4、6、8、10、12时的单位阶跃响应曲线。

② 绘制$\omega_n=6$，ζ取0.2、0.4、0.6、0.8、1.0、1.5、2.0时的单位阶跃响应曲线。

2. 根轨迹分析

已知负反馈系统的开环传递函数为

$$G(s)H(s)=\frac{K}{s(s+1)(s+2)} \tag{1.6}$$

式中，$G(s)$为前向通道传递函数，$H(s)$为反馈回路传递函数，K为放大系数，绘制系统根轨迹，并分析系统稳定时K值的范围。

3. 系统的联接

设定两个系统的传递函数，编写m文件，分别表示出这两个系统的串联、并联和反馈联接，并求出联接后的系统对单位脉冲信号及单位阶跃信号的响应。

(1) $G(s)=\dfrac{10}{0.3s+1}$(PI调节器)和$H(s)=0.2s$(D调节器)构成并联系统，求其对单位脉冲信号及单位阶跃信号的响应。

(2) $G(s)=\frac{200}{s(0.05s+1)(0.01s+1)}$和$G(s)=\frac{(0.24s+1)(0.05s+1)}{(2.17s+1)(0.00574s+1)}$构成串联系统，求其对单位脉冲信号及单位阶跃信号的响应。

(3) $H(s)=\frac{0.25s}{1.25s+1}$为$G(s)=\frac{100}{s(0.25s+1)(0.0625s+1)}$的反馈传函，求反馈系统对单位脉冲信号及单位阶跃信号的响应。

四、实验步骤

(1) 根据式(1.4)编写程序，绘制单位阶跃响应曲线，并从图上读取最大超调量；

(2) 根据式(1.5)编写程序，绘制$\zeta=0.7$，ω_n取2、4、6、8、10、12时的单位阶跃响应曲线。

(3) 根据式(1.5)编写程序，绘制$\omega_n=6$，ζ取0.2、0.4、0.6、0.8、1.0、1.5、2.0时的单位阶跃响应曲线。

(4) 根据式(1.6)编写程序，绘制系统根轨迹，并分析系统稳定时K值的范围。

(5) 编写m文件，分别表示出两个系统的串联、并联和反馈联接，并求出联接后的系统对单位脉冲信号及单位阶跃信号的响应。

五、实验报告要求

写出程序，按照实验步骤中(1)～(5)的要求绘制曲线。

六、思考题

(1) 说明典型二阶系统当ζ不变、ω_n变化时的响应特点。

(2) 说明典型二阶系统当ω_n不变、ζ变化时的响应特点。

每课一星

“两弹一星”元勋姚桐斌，导弹和航天材料专家，火箭材料及工艺技术专家。他是中国导弹与航天材料、工艺技术研究所的主要创建者和领导者。早年，姚桐斌主要进行冶金铸方面的研究，回国后，他开始从事导弹与航天工业的工艺、材料技术工作，对火箭部件的设计、选材和制造起了指导性的作用。

第 2 章　工程测试技术实验

"工程测试技术"是机械类专业的主要专业基础课程，其主要内容包括信号的分类，信号的时域波形分析，信号的时差域相关分析，信号的频域频谱分析，测试系统的静态特性、动态特性，线性定常系统的特性及数学描述，实现不失真测试的条件以及传感器概述(包括电阻式传感器、电容式传感器、电感式传感器、压电式传感器、磁电式传感器、光电传感器、半导体敏感元件传感器)。

"工程测试技术"课程的能力培养要求如下：

(1) 能运用传感器测量原理、信号分析理论和计算机虚拟仪器技术设计机械装备实验测量装置与系统，培养学生的创新意识和创新思维。

(2) 通过电阻传感器(包括电阻丝式、半导体式)、电感传感器、电容传感器实验，使学生了解传感器的工作原理及性能特点，掌握现代测试手段和方法，从而培养学生的工程测试能力、分析能力等。

(3) 通过对测量系统进行分析，了解信号分析处理基础，测量装置的作用和性能，测试仪器、测试方法的不断更新换代；了解基于虚拟仪器的计算机测试系统，使学生掌握先进的测试技术，启迪学生的思维，锻炼学生的动手实践能力。

"工程测试技术实验"课程是一门理论验证型课程。通过实验，学生可以熟悉测试技术的基本概念，学会各种传感器的使用方法以及应用范围，为解决各种工程实际问题打下坚实的基础。

实验 2.1 学用 DRVI 可重构虚拟仪器实验平台

一、实验目的

掌握用 DRVI 可重构虚拟仪器实验平台进行计算机测试系统设计的方法。

二、实验设备

(1) 计算机，1 台。

(2) DRVI 可重构虚拟仪器实验平台，1 套。

三、实验原理

1. DRVI 的简介

DRVI 可重构虚拟仪器实验平台是华中科技大学何岭松教授项目组和深圳市德普施科技有限公司联合开发出的一种自主知识产权的新型装配架构的虚拟仪器。该平台的设计思想是：首先，按照汽车和 PC 的装配式生产模式，将计算机虚拟仪器测试系统分解为一个软件装配底盘和若干实现独立功能的软部件模块；然后，根据测量任务需求，用软件装配底盘把所需的软部件模块装配起来，形成一个满足特定需求的测试系统。当测试任务发生变化时，对软件装配底盘上装配的软部件模块进行重新组合和装配就可以将原测量系统快速调整为另一个新的测量系统。

DRVI 的主体为一个带软件控制线和数据线的软主板，其上可插接软仪表盘、软信号发生器、软信号处理电路、软波形显示芯片等软件芯片组，并能与 A/D 卡、I/O 卡等信号采集硬件进行组合与连接。直接在以软件总线为基础的面板上通过简单的可视化插接软件芯片和连线，就可以完成对仪器功能的裁减、重组和定制，快速搭建一个按应用需求定制的虚拟仪器测量系统。

2. 插接软件芯片

DRVI 通过在前面板上可视化插接虚拟仪器软件芯片来搭构虚拟仪器或测量实验。插接软件芯片的步骤如下：

(1) 从 DRVI“工具条”菜单中选择“开启软件芯片工具条”(一般 DRVI 启动时，软件芯片工具条已经自动开启)。

(2) 单击软件芯片表中的图标，在 DRVI 前面板上插接一片该软件芯片。

(3) 在 DRVI 前面板上新插入的软件芯片上压下鼠标不放，将其拖动到合适位置。

(4) 重复步骤(2)、(3)，插入其他软件芯片，直至虚拟仪器搭建成功。

DRVI 采用软件总线的并行结构，所设计的虚拟仪器的功能与芯片的插接顺序无关。但为减小软件芯片插接后连线数据的修改量，通常先插接内存条芯片，再插接信号采集芯片，然后插接分析、计算芯片，最后插接按钮类、显示类芯片。

3. 软件芯片连线

DRVI 通常采用数据进行软件芯片与软件总线的连线，修改软件芯片属性表中的数据就可以更改软件芯片与软件总线的连接关系，实现基于数据的焊接。

软件芯片连线的方法是在软件芯片上单击鼠标右键，弹出该芯片的属性表，修改其中的连接数据线号，这样就可以实现软件芯片间的连线。

软件芯片属性表如图 2.1 所示。该属性表中有三种类型的参数，即 I 类参数、D 类参数和 O 类参数。

(1) I 类参数：软件芯片的内部属性参数，只影响软件芯片自身的显示方式、计算方法等。该类参数与外界无关，设定后其值不会变化。

(2) D 类参数：软件芯片的外部属性参数，通常是软件总线上某条数据线上的值。该类参数与外界相关，其值能被其他软件芯片通过数据线从外部修改。

(3) O 类参数：软件芯片与软件总线的接口参数，定义了软件芯片与软件总线线和数组型数据线的连接关系。该类参数与外界无关，设定后其值不会变化。

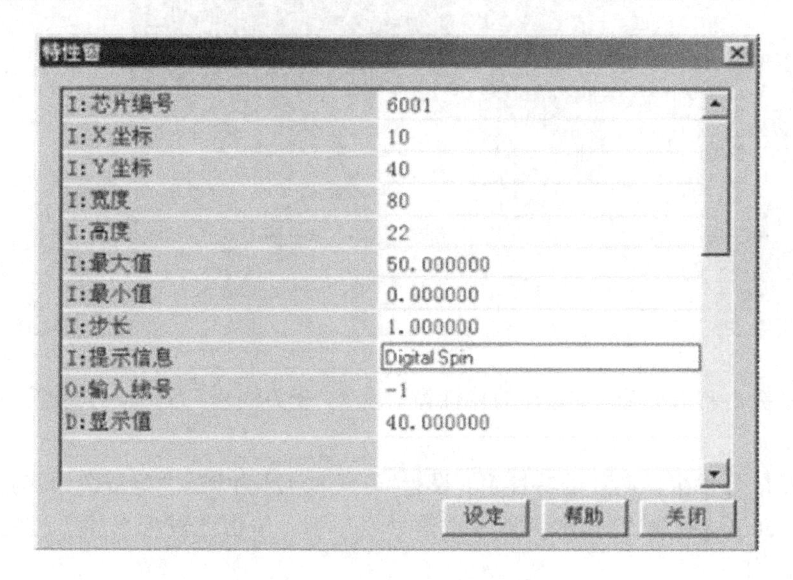

图 2.1　软件芯片属性表

注意：软件芯片属性表中的第一项是芯片插入时系统自动赋予的编号和标识符，以后可以按此编号对该软件芯片进行操作和调用。软件芯片属性表中的其他参数可以按该类软件芯片的使用说明进行设置。

四、实验内容

以典型信号的频谱分析实验为例学习虚拟仪器的搭建过程和方法。

五、实验步骤

(1) 运行 DRVI 主程序，单击 DRVI 快捷工具条上的“联机注册”图标，选择其中的

“DRVI采集仪主卡检测”或“网络在线注册”进行软件注册。

(2) 用鼠标左键单击芯片表基础类、操作类、显示类IC(后续都加入相应的大分类组，以便用户在使用中能迅速找到对应的软件芯片)中的内存条(加软件芯片图标，以下同)芯片，并将其移动到合适位置，编号为6000；用鼠标右键单击内存条芯片，打开其特性窗，将“提示信息”参数修改为“软件内存芯片1”，其余参数采用缺省设置，然后按“设定”按钮确定并退出。

(3) 依次放置启/停芯片(6001)、信号发生器芯片(6002)、多联开关芯片(6003)、波形显示芯片(6004)，并将其分别移到合适的位置，如图2.2所示。各芯片的属性设置分别见下面有关步骤。

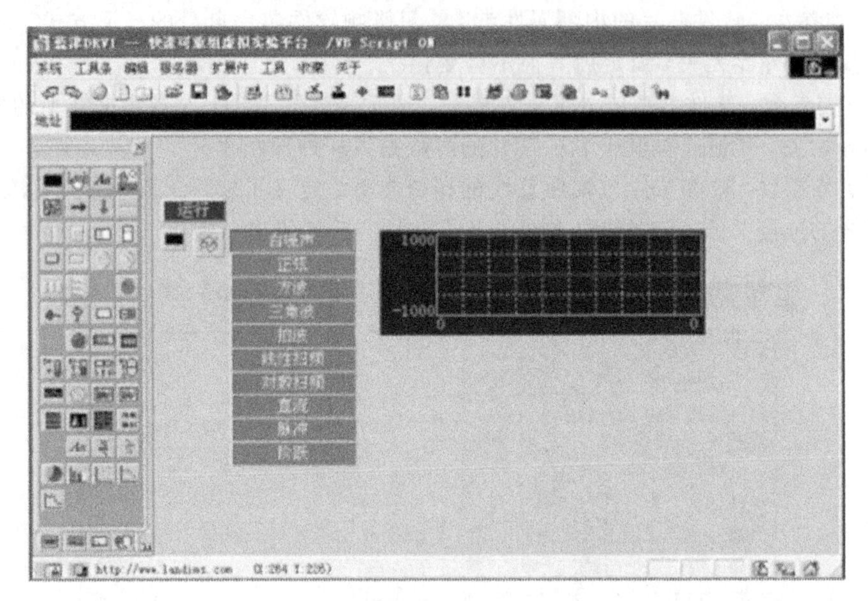

图2.2 放置芯片

(4) 用鼠标右键打开启/停芯片的特性窗，设置“开关线号”为55，按“设定”按钮确认并关闭特性窗。

(5) 打开信号发生器芯片的特性窗，设置“开关线号”为55，“类型信号”为2，“波形存储芯片号”为6000，并修改“提示信息”为“信号发生器，单击此图标启/停”，然后按“设定”按钮确认并退出。

(6) 打开多联开关芯片的特性窗，设置“开关线号”为2，“开关数量”为10，并修改“标题”为“白噪声#正弦#方波#三角波#拍波#线性扫描#对数扫描”，“提示信息”为“设定信号发生器信号类型”，按“设定”按钮确认并退出。

(7) 将波形显示芯片特性窗中的“数据存储芯片号”设置为6000，并修改“提示信息”为“显示信号波形”。

(8) 用鼠标左键单击波形参数芯片，将其移到合适的位置。打开波形参数芯片的特性窗，设置“波形存储芯片号”为6000，“输出数据线号”为1，并修改“提示信息”为“波形参数芯片，计算信号有效值”，按“设定”按钮确认并退出。

(9) 用鼠标左键单击方型仪表，将其移到合适的位置。打开方型仪表的特性窗，设置“显示线号”为1，并修改“提示信息”为“显示信号强度(RMS)”，按“设定”按钮确认并退出。

（10）依次放置三个内存条芯片（6007、6008、6009）、频谱运算芯片 6010、波形/频谱曲线操作芯片 6011、波形显示芯片 6012，并将其分别移到合适的位置。

（11）分别打开三个新添加的内存条芯片的特性窗，修改它们的“提示信息”，如图 2.3 所示。

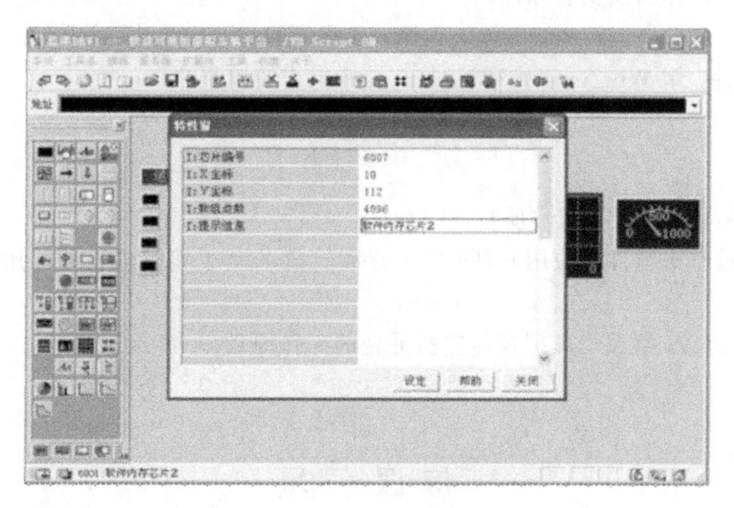

图 2.3　添加的内存条特性窗

（12）打开频谱运算芯片的特性窗，设置“输入波形存储芯片号”为 6000，“输出频谱 1 存储芯片号”为 6007，“输出频谱 2 存储芯片号”为 6008，按“设定”按钮确认并退出。

（13）打开波形/频谱曲线操作芯片的特性窗，设置“输入数据芯片号”为 6007，“输出数据芯片号”为 6009，按“设定”按钮确认并退出。

（14）打开波形显示芯片的特性窗，设置“数据存储芯片号”为 6009，并修改“提示信息”为“显示信号幅值谱”，按“设定”按钮确认并退出。

（15）单击鼠标左键添加标签芯片，修改“标题”为“典型信号的频谱分析实验”，按“设定”按钮确认并退出。

（16）完整的虚拟仪器如图 2.4 所示。单击“运行”按钮，运行该实验，并观察实验结果。单击“保存”按钮保存该虚拟仪器实验脚本文件，以便以后需要时再次打开此实验。

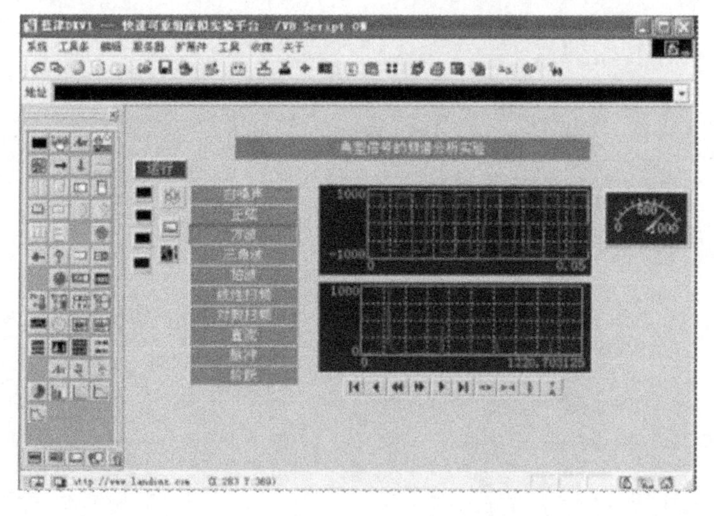

图 2.4　完整的虚拟仪器

六、实验报告要求

（1）简述实验目的及实验原理。

（2）拷贝实验系统运行界面，插入到 Word 格式的实验报告中，并附上所设计的虚拟仪器实验脚本文件，用 WinZip 压缩后通过 E-mail 上交实验报告。

七、思考题

（1）什么是虚拟仪器？其本质特征是什么？

（2）什么是基于组件的应用软件开发？它和传统的基于编程语言的应用软件开发有什么区别？

（3）简述 DRVI 可重构虚拟仪器实验平台的工作原理。

每课一星

“两弹一星”元勋王大珩，中国科学院院士，中国工程院院士，国际宇航科学院院士，中国近代光学工程的重要学术奠基人、开拓者和组织领导者，被誉为“中国光学之父”。他开拓和推动了中国光学研究及光学仪器制造，特别是国防光学工程事业。在他的领导下，中国研制出第一台红宝石激光器和首台航天相机。他主持研制出我国第一台大型光测设备。

实验 2.2　学用 Signal VBScript 编程语言

一、实验目的

(1) 了解 DRVI 可重构虚拟仪器实验平台中提供的嵌入式 Signal VBScript 语言。
(2) 掌握用 Signal VBScript 语言产生测试信号、绘制曲线和进行信号分析的方法。
(3) 掌握用 Signal VBScript 语言设计自定义软件模块的方法。

二、实验实验设备

(1) 计算机，1 台。
(2) DRVI 可重构虚拟仪器实验平台，1 套。

三、实验原理

1. Signal VBScript 概述

Signal VBScript 是在网页设计中常用的 VBScript 编程语言的基础上针对测试技术课程教学需要而扩展的一个内嵌在 DRVI 可重构虚拟仪器实验平台中的在线编程语言，老师和学生可以像设计网页中的 VBScript、JavaScript 小程序那样用 Signal VBScript 设计小程序来扩展 DRVI 功能，同时也可以对所学知识进行检验和实践。

如果用户已经了解 VBScript 或 Visual Basic，那么会很快熟悉 Signal VBScript。若用户没有学过上述两种语言，则其也可以通过下面的介绍快速学会简单的程序设计。

2. Signal VBScript 变量和数据类型

与其他编程语言不同，VBScript 只有一种数据类型，称为 Variant。Variant 是一种特殊的数据类型，根据使用的方式，它可以包含不同类别的信息。Variant 用于数字上下文中时作为数字处理，用于字符串上下文中时作为字符串处理。

用户在编程时不需要定义变量类型，变量类型在第一次对该变量赋值时由初始值确定。例如，下面是一段 VBScript 程序代码：

```
Dim a, b
a=2.5
b="Hi"
```

其中，Dim 为变量申明语句，变量 a 初始化为数字量，b 初始化为字符串。不同类型的变量不能在一起直接运算，可以用 CStr 函数将数字量转换为字符串，或用 CDbl 函数将字符串转换为数字量。

3. 数组变量

数组变量和普通变量是以相同的方式用 Dim 声明的，两者唯一的区别是声明数组变量时变量名后面带有括号()。下例声明了一个包含 5 个元素的一维数组：

```
Dim A(5)
```

虽然括号中显示的数字是 5，但由于在 VBScript 中所有数组都是基于 0 的，因此这个数组实际上包含 6 个元素。在数组中使用索引为数组的每个元素赋值，如下所示：

```
A(0)=1
A(1)=2
⋮
A(5)=6
```

与此类似，使用索引可以检索到所需的数组元素的数据。例如，

```
x=A(3)
```

数组并不仅限于一维，声明多维数组时用逗号分隔括号中每个表示数组大小的数字。在下例中，Table 变量是一个有 6 行和 11 列的二维数组：

```
Dim MyTable(5, 10)
```

4. VBScript 运算符

VBScript 有一套完整的运算符，包括算术运算符、比较运算符和逻辑运算符，如表 2.1 所示。

表 2.1 VBScript 运算符

算术运算符		比较运算符		逻辑运算符	
描述	符号	描述	符号	描述	符号
求幂	^	等于	=	逻辑非	Not
负号	-	不等于	<>	逻辑与	And
乘	*	小于	<	逻辑或	Or
除	/	大于	>	逻辑异或	Xor
整除	\	小于等于	<=	逻辑等价	Eqv
求余	Mod	大于等于	>=	逻辑隐含	Imp
加	+				
减	-				
字符串连接	&				

5. 条件语句

使用条件语句可以控制程序的流程，且可以编写进行判断和重复操作的 VBScript 代码。在 VBScript 中可使用的条件语句为 If... Then... Else 语句和 Select Case 语句。

使用 If... Then... Else 语句进行判断的例程：

```
If  b=0 Then
   c=1
Else
     c=2
   End If
```

使用 Select Case 语句进行判断的例程：

```
Select Case value
      Case 0
         value=1
      Case 1
         value=2
      Case Else
         value=4
   End Select
```

6. 循环语句

循环语句用于重复执行一组语句，其可分为三类：① 在条件变为 False 之前重复执行的语句，② 在条件变为 True 之前重复执行的语句，③ 按照指定的次数重复执行的语句。在 VBScript 中可使用的循环语句为 Do... Loop 语句(当(或直到)条件为 True 时循环)和 For... Next 语句(指定循环次数，使用计数器重复运行语句)。

使用 Do... Loop 语句进行循环的例程：

```
Do While Num>10
   Num=Num-1
   ⋮
Loop
```

使用 For... Next 语句进行循环的例程：

```
For j=1 To 10 Step 2
   ⋮
Next
```

7. 过程

在 VBScript 中，过程被分为两类，即 Sub 过程和 Function 过程。Sub 过程是包含在 Sub 和 EndSub 语句之间的一组 VBScript 语句，执行操作但不返回值。Sub 过程可以使用参数(由调用过程传递的常数、变量或表达式)。如果 Sub 过程无任何参数，则 Sub 语句必须包含空括号()。例如：

```
Sub ConvertTemp(data)
   temp=data/128
End Sub
```

Function 过程是包含在 Function 和 End Function 语句之间的一组 VBScript 语句。Function 过程与 Sub 过程类似，但是 Function 过程可以返回值。Function 过程通过函数名返回一个值，这个值是在过程的语句中赋给函数名的。Function 过程返回值的数据类型总是 Variant。例如：

```
Function Celsius(fDegrees)
   Celsius=(fDegrees-32) * 5/9
End Function
```

8. 常用 VBScript 标准函数

(1) Abs 函数：返回一个数字的绝对值。

调用方法：a=Abs(-100)。

(2) Atn 函数：返回一个数字的弧正切值(arctangent)。

调用方法：a=Atn(1) * 180/3.14。

(3) CDbl 函数：返回已转换成 Double 型的字符串的值。

调用方法：a=CDbl("12.5")。

(4) Cos 函数：返回一个角度(弧度)的余弦值。

调用方法：a=Cos(60 * (3.14/180))。

(5) CStr 函数：返回已转换成字符串的数字量的值。

调用方法：a=CStr(2.56)。

(6) Exp 函数：返回 e(自然对数的底数)的某次方。

调用方法：a=Exp(1)。

(7) Int 函数：返回数字的整数部分。

调用方法：a=Int(3.25)。

(8) Log 函数：返回一个数字的自然对数。

调用方法：a=Log(12)。

(9) Rnd 函数：返回一个随机数(0~1)。

调用方法：a=Rnd()。

(10) Round 函数：返回已进位到指定小数位的数字。

调用方法：a=Round(2.75 678，2)。

(11) Sgn 函数：返回指出数字的正负号的整数。

调用方法：a=Sgn(-11)。

(12) Sin 函数：返回一个角度(弧度)的正弦值。

调用方法：a=Sin(60 * (3.14/180))。

(13) Sqr 函数：返回一个数字的平方根。

调用方法：a=Sqr(9)。

(14) Tan 函数：返回一个角度(弧度)的正切值。

调用方法：a=Tan(1)。

9. Signal VBScript 扩展的软件总线读写函数

(1) Document. Getline 函数：读取单变量型软件总线的值。

调用方法：值=Document. Getline(线号)。

(2) Document. Setline 函数：设定单变量型软件总线的值。

调用方法：Document. Setline 线号，设定值。

(3) Document. GetArrayInterval 函数：读取数组型数据线的数据点间隔值。

调用方法：数据点间隔=Document. GetArrayInterval(数组型数据线号)。

(4) Document. getArrayStart 函数：读取数组型数据线的起始点坐标。

调用方法：数据点间隔=Document. getArrayStart(数组型数据线号)。

(5) Document. getarrayline 函数：读取数组型数据线上的波形或频谱数据到数组中。

调用方法：Document. getarrayline 数组型数据线号，读取点数，数组名。

注意：对于 VBScript，其变量初始化为 Variant 不定型，该函数中使用的数组是 Double 型，使用前先需对其进行 Double 赋值，将其强制转换为 Double 型，如下所示：

```
Dim data(2048), data1(2048)
For K=0 To 2047
  data(k)=0.00001
Next
Document. getarrayline 1,2048, data
```

(6) Document. SetArrayInterval 函数：设定数组型数据线的数据点间隔。

调用方法：Document. SetArrayInterval 数组型数据线号，数据点间隔。

(7) Document. setArrayStart 函数：设定数组型数据线的起始点坐标。

调用方法：Document. setArrayStart 数组型数据线号，起始点坐标。

(8) Document. setarrayline 函数：用数组值设定数组型数据线上的波形或频谱数据。

调用方法：Document. setarrayline 数组型数据线号，读取点数，数组名。

10. Signal VBScript 扩展的图形函数

(1) Document. Write 函数：在(x, y)用色彩 c 写字符 Str。色彩用 16 进制 RGB 表示，大红为 0xFF0000。

调用方法：Document. Write x, y, c, "Hi..."。

(2) Document. DrawLine 函数：用色彩 c 在(x1, y1)到(x2, y2)间画一条直线。

调用方法：Document. DrawLine x1, y1, x2, y2, c。

(3) Document. drawbar 函数：用色彩 c 填充(x, y)到(x+w, y+h)的矩形区域。

调用方法：Document. drawbar x, y, w, h, c。

(4) Document. Fillcircle 函数：用色彩 c 填充以(x, y)为圆心、r 为半径的圆形区域。

调用方法：Document. Fillcircle x, y, r, c。

(5) Document. Circle 函数：用色彩 c 以(x, y)为圆心、r 为半径画圆。

调用方法：Document. Circle x, y, r, c。

（6）Document. Rectangle 函数：用色彩 c 以（x，y）和（x＋w，y＋h）为端点画矩形。

调用方法：Document. Rectangle x，y，w，h，c。

（7）Document. Arc 函数：用色彩 c 以（x，y）为圆心，r 为半径，a1、a2 为起始角和终止角画圆弧。

调用方法：Document. Arc x，y，r，a1，a2，c。

三、实验内容

（1）用 Signal VBScript 中的数学函数产生一个幅值为 800、频率 100 Hz 的正弦波信号。信号采样频率取 10 000 Hz，用图形函数绘出信号波形，代码如下：

```
Rem VBSCRIPT
Dim wave(128)
pi=3.141
amp=800
dt=0.001
For i=0 To 15
t=2 * pi * 100 * i * dt
wave(i)=amp * Sin(t)
Next
Document.DrawLine 20,120,400,120,0
Document.DrawLine 20,20,20,220,0
Document.Write 24,20,0," 1000"
Document.Write 24,210,0,"-1000"
Document.Write 10,113,0,"0"
Document.Write 300,128,0,"0.03"
f=100/1000
For i=0 To 14
x1=20+i * 20
y1=120-wave(i) * f
x2=20+(i+1) * 20
y2=120-wave(i+1) * f
Document.DrawLine x1,y1,x2,y2,12
Next
```

也可用 DRVI 中的波形显示组件显示信号波形。

用 DRVI 可重构虚拟仪器实验平台搭建一个简单的实验系统，并用 Signal VBScript 绘制信号波形，如图 2.5 所示。

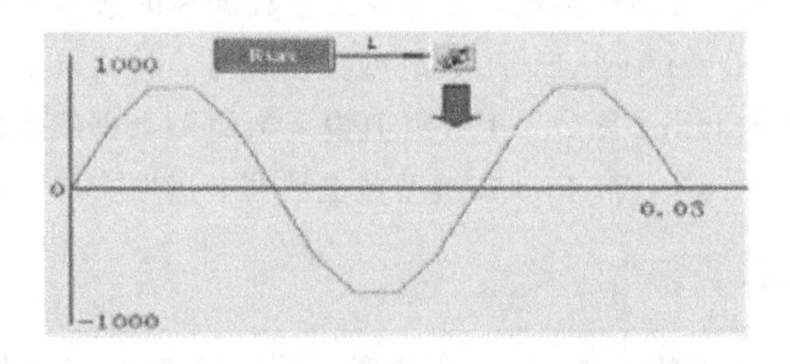

图 2.5 用 Signal VBScript 绘制的信号波形

（2）用 Signal VBScript 中的图形函数绘制一个温度计或仪表盘虚拟仪器控件，用于显示单变量测量值，如图 2.6 所示。

图 2.6 用 Signal VBScript 中的图形函数绘制虚拟仪器控件

下面是用 VBScript 编制的一个温度计绘制程序代码段：

```
Sub tempature(x,y,max,min,v)
 For i=0 To 10
   Document.DrawLine x+30,y+i*15,x+35,y+i*15,0
 Next
 Document.Write x,y-5,0,CStr(max)
 Document.Write x,y+145,0,CStr(min)
 Document.drawbar x+45,y,26,150,1
 Document.Fillcircle x+45+12,y+150+13,16,12
 h=v*150/(max-min)
 Document.drawbar x+45,y+150-h,26,h,12
End Sub
```

用上述代码结合 DRVI 可重构虚拟仪器实验平台搭建一个简单的实验系统。

四、实验步骤

(1) 运行 DRVI 主程序，单击 DRVI 快捷工具条上的“联机注册”图标，选择其中的“DRVI 采集仪主卡检测”或“网络在线注册”进行软件注册。

(2) 从芯片表中拖拉一个 VBScript 脚本芯片到软件面板上，写入设计的 Signal VBScript 脚本，然后拖放一个开关按钮来控制其运行。

(3) 将设计完成的虚拟仪器实验系统存盘保存。

五、实验报告要求

(1) 简述实验目的及实验原理。

(2) 拷贝实验系统运行界面，插入到 Word 格式的实验报告中，并附上所设计的虚拟仪器脚本文件，用 Winzip 压缩后通过 E-mail 上交实验报告。

七、思考题

(1) 如何用 Signal VBScript 设计自定义组件，以实现特定的运算或扩展 DRVI 功能。

(2) 用 DRVI 设计一个简易电子琴，用自定义 Signal VBScript 组件产生 A，B，…，O 琴键对应的 131 Hz，147 Hz，…，523 Hz 的纯音信号，如图 2.7 所示。

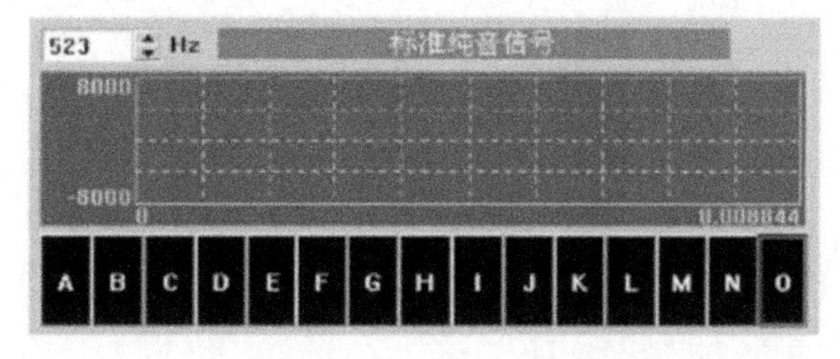

图 2.7　用 DRVI 设计的简易电子琴

每 课 一 星

“两弹一星”元勋朱光亚，中国著名的核物理学家，他的代表性成果之一是带领团队研制出了中国第一颗氢弹。他曾担任过多个重要职位，如中国科学院学部委员，中国工程院院长，中国科学技术协会名誉主席，中国人民政治协商会议第八届、第九届全国委员会副主席等。他也曾在美国密执安大学获得博士学位，1994 年被选聘为首批中国工程院院士，并任中国工程院院长、党组书记。

实验2.3　频率混叠和采样定理

一、实验目的

(1) 熟悉信号采样过程，并通过实验观察欠采样时信号频谱的频率混叠现象。

(2) 了解采样前后信号频谱的变化，加深对采样定理的理解，掌握确定采样频率的方法。

二、实验设备

(1) 计算机，1台。

(2) DRVI可重构虚拟仪器实验平台，1套。

三、实验原理

模拟信号经过A/D转换转换为数字信号的过程称为采样。信号采样后其频谱产生了周期延拓，每隔一个采样频率ω_S重复出现一次。

1. 频混现象

当采样所得信号的频率低于被采样信号的最高频率时，采样所得的信号中混入了虚假的低频分量，这种现象叫作频率混叠现象。频率混叠现象又称为频混现象，它是由于采样信号频谱发生变化，而出现高、低频成分发生混淆的一种现象，如图2.8所示。信号$x(t)$的傅里叶变换为$X(\omega)$，其频带范围为$-\omega_m \sim +\omega_m$；采样信号$x(t)$的傅里叶变换是一个周期谱图，其采样频率为ω_S，并且

$$\omega_S = \frac{2\pi}{T_S}$$

式中，T_S为时域采样周期。

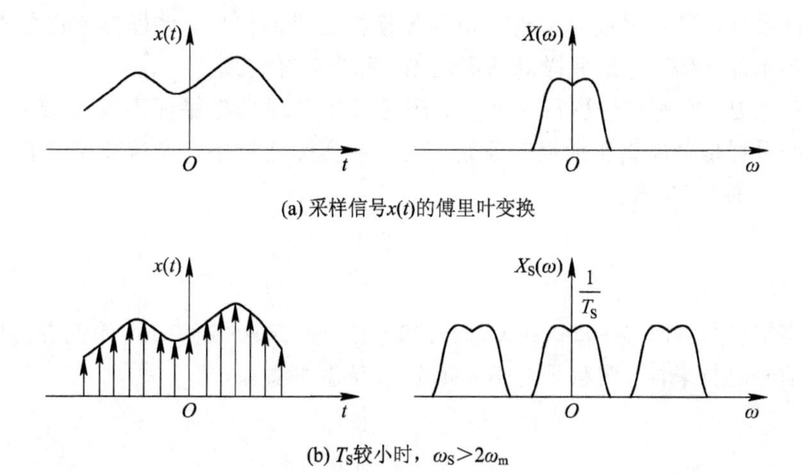

(a) 采样信号$x(t)$的傅里叶变换

(b) T_S较小时，$\omega_S > 2\omega_m$

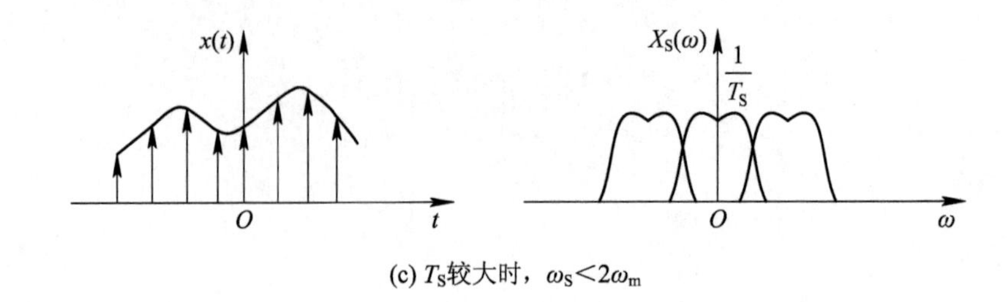

(c) T_S较大时，$\omega_S<2\omega_m$

图 2.8 采样信号的频混现象

当时域采样周期 T_S 较小时，$\omega_S>2\omega_m$，周期谱图相互分离，如图 2.8(b)所示；当时域采样周期 T_S 较大时，$\omega_S<2\omega_m$，周期谱图相互重叠，即谱图之间高频与低频成分发生重叠，如图 2.8(c)所示，此即为频混现象，这将使信号复原时丢失原始信号中的高频信息。

发生频混现象时的时域信号波形如图 2.9 所示。图 2.9(a)所示为采样频率正确的情况，图 2.9(b)是采样频率过低的情况。

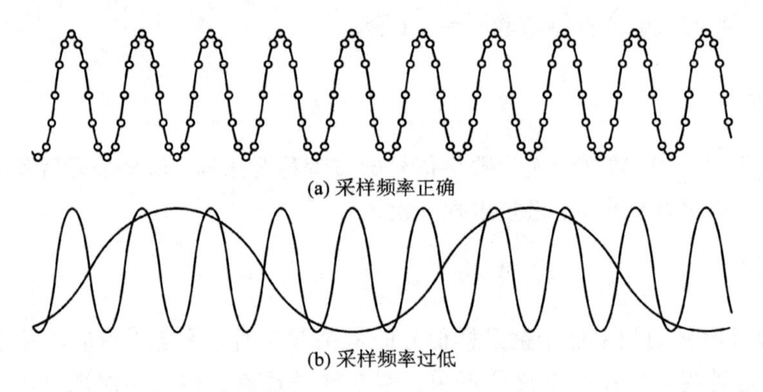

(a) 采样频率正确

(b) 采样频率过低

图 2.9 发生频混现象时的时域信号波形

2. 采样定理

上述情况表明，如果 $\omega_S>2\omega_m$，则不发生频混现象，因此需对时域采样周期 T_S 加以限制，即采样频率 $\omega_S(2\pi/T_S)$或 $f_S(1/T_S)$必须大于或等于信号 $x(t)$中最高频率 ω_m 的两倍，即 $\omega_S>2\omega_m$ 或 $f_S>2f_m$。

为了保证采样后的信号能真实地保留原始模拟信号的信息，采样频率必须至少为原始信号中最高频率的 2 倍，这是采样的基本法则，称为采样定理。

需要注意的是，在对信号进行采样时，满足采样定理只能保证不发生频率混叠，而不能保证此时的采样信号能真实地反映原始信号。在实际测量中，采样频率通常大于被采样信号中最高频率的 3～5 倍。

四、实验内容

设计一模拟信号：$x(t)=800\sin(2\pi*500*t)$。在 100～5000 Hz 的范围内用不同的采样频率对该信号进行采样，观察采样信号的频率混叠现象。

五、实验步骤

(1) 打开 DRVI 软件，单击“进入《工程测试技术实验学习教程》”，单击“频率混叠和采样定理”，建立实验环境，如图 2.10 所示。

(2) 调节采样频率的值，观察采样信号的频率混叠情况。

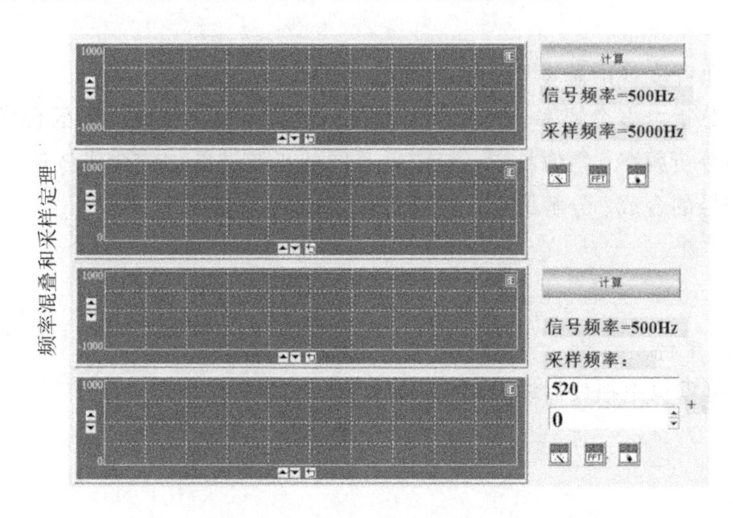

图 2.10　采样信号的频率混叠现象(频域)

六、实验报告

(1) 简述实验目的和实验原理，根据实验要求整理该实验的原理设计图。

(2) 按实验步骤附上相应的信号波形和频谱曲线，说明采样频率的变化对信号时域和频域特性的影响，总结实验得出的主要结论。

七、思考题

(1) 若信号频率为 5000 Hz，采样频率为 800 Hz，则模拟信号采样后的混叠频率是多少？

(2) 为什么在实际测量中采样频率通常大于被采样信号中最高频率的 3～5 倍？

每课一星

袁隆平，中国杂交水稻育种专家，中国工程院院士，美国科学院外籍院士。在 20 世纪 60 年代～20 世纪 70 年代期间，他进行了杂交水稻品种的研究，成功提高了中国和世界各地的粮食产量，因此被誉为“杂交水稻之父”。

实验 2.4　波形的合成与分解

一、实验目的

(1) 了解傅里叶变换的基本思想和物理意义。

(2) 观察和分析由多个频率、幅值和相位成一定关系的正弦波叠加的合成波形。

(3) 观察和分析频率、幅值相同，相位角不同的正弦波叠加的合成波形。

(4) 熟悉信号的合成、分解原理，了解信号频谱的含义。

二、实验设备

(1) 计算机，1 台。

(2) DRVI 可重构虚拟仪器实验平台，1 套。

三、实验原理

根据傅里叶变换的原理可知，任何周期信号都可以用一组三角函数 $\sin(2\pi n f_0 t)$ 和 $\cos(2\pi n f_0 t)$ 的组合表示，即

$$\begin{aligned} x(t) = & \frac{a_0}{2} + \\ & a_1\sin(2\pi f_0 t) + b_1\cos(2\pi f_0 t) + \\ & a_2\sin(4\pi f_0 t) + b_2\cos(4\pi f_0 t) + \cdots \end{aligned} \tag{2.1}$$

也就是说，我们可以用一组正弦波和余弦波来合成任意形状的周期信号。

例如，对于典型的方波，其时域表达式为

$$x(t) = \begin{cases} -A & -\dfrac{T}{2} < t < 0 \\ A & 0 < t < \dfrac{T}{2} \end{cases} \tag{2.2}$$

根据傅里叶变换，其三角函数展开式为

$$\begin{aligned} X(t) &= \frac{4A}{\pi}\left(\sin\omega_0 t + \frac{1}{3}\sin 3\omega_0 t + \frac{1}{5}\sin 5\omega_0 t + \cdots\right) \\ &= \frac{4A}{\pi}\sum_{n=1}^{\infty}\frac{1}{n}\sin n\omega_0 t \\ &= \frac{4A}{\pi}\sum_{n=1}^{\infty}\frac{1}{n}\cos\left(n\omega_0 t - \frac{\pi}{2}\right) \qquad n = 1, 3, 5, 7, 9, \cdots \end{aligned} \tag{2.3}$$

由此可见，方波是由一系列频率成分成谐波关系，幅值成一定比例，相位角为 0 的正弦波叠加合成的，如图 2.11 所示。

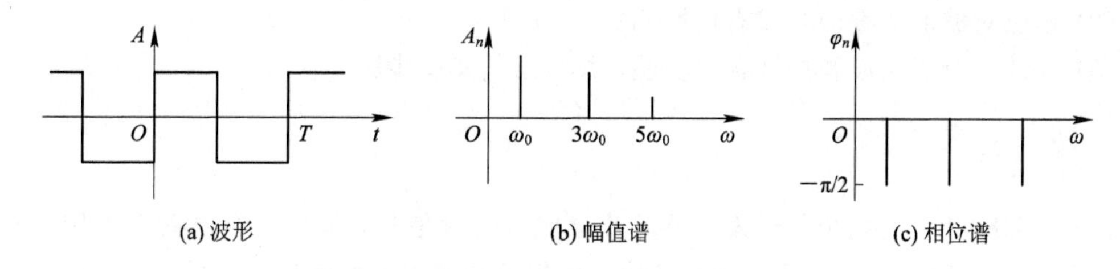

图 2.11 方波信号的波形、幅值谱和相位谱

因此，我们在实验过程中可以通过设计一组奇次正弦波来完成方波信号的合成。同理，对三角波、锯齿波等周期信号也可以用一组正弦波和余弦波来合成。

四、实验内容

用前5次谐波近似合成一个频率为100 Hz、幅值为600的方波。

五、实验步骤

(1) 打开DRVI软件，单击“进入《工程测试技术实验学习教程》”，单击“波形的合成与分解”，建立实验环境，如图2.12所示。

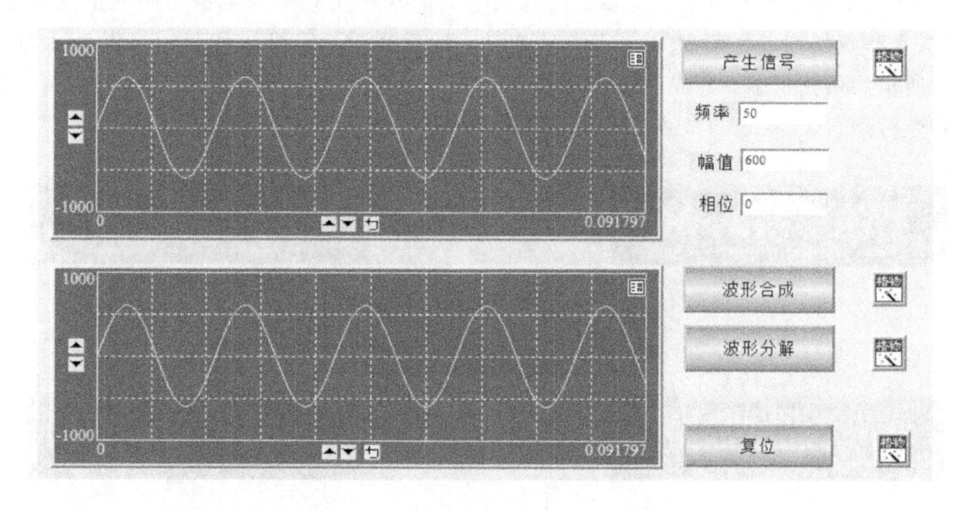

图 2.12 波形的合成与分解实验环境

(2) 叠加正弦波信号，观察合成信号波形的变化。

六、实验报告要求

(1) 简述实验目的和实验原理。
(2) 按实验步骤绘出7次谐波叠加合成的方波波形图。
(3) 分别绘出两次相位不同的正弦波相加合成的波形。

七、思考题

(1) 怎样才能得到一个精确的方波波形？

(2) 相位对波形的叠加合成有何影响？

(3) 设计一个三角波和拍波合成实验，并写出其实验步骤。

八、实验拓展

(1) 用 DRVI 上的两个信号发生器芯片合成双音频信号，设计一个电话上采用的双音频 DTMF(Dual Tone Multi-Frequency)信号模拟实验系统(其参考图如图 2.13 所示)，将电话号码转换为 DTMF 信号，然后从声卡送出。代表数字的音频信号持续 45 ms，信号间为 55 ms 的静音。请设计实验，将输入的电话号码(如 13005687321)转换为 DTMF 信号。

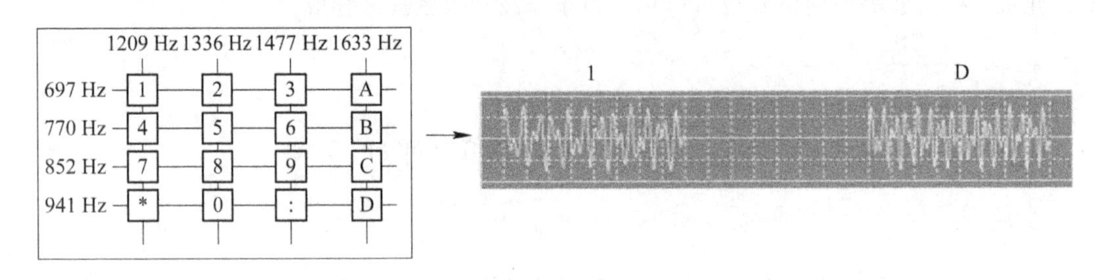

图 2.13　双音频 DTMF 信号模拟实验系统参考图

(2) 应用波形合成的方法，用多个信号发生器芯片产生频率和幅值不同的正弦波信号，合成手机 4 和弦铃声，并存盘为 *.WAV 文件，然后播放。手机 4 和弦铃声设计示意图如图 2.14 所示。和弦越多，合成的铃声越悦耳动听。一般手机上常用的铃声有 16 和弦铃声和 40 和弦铃声。

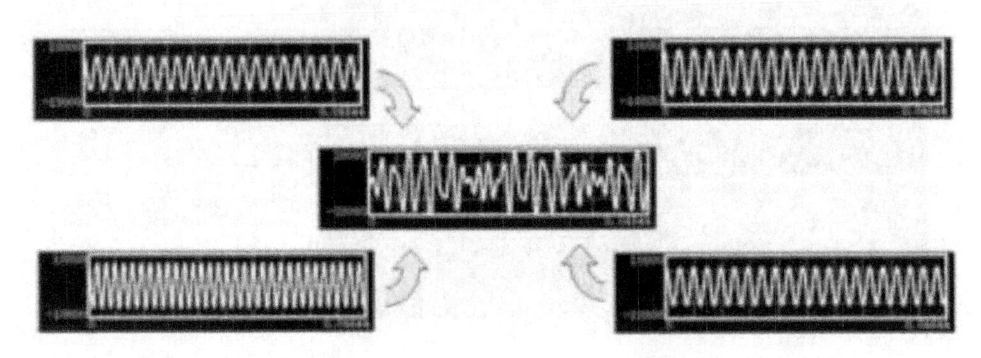

图 2.14　手机 4 和弦铃声设计示意图

每课一星

“两弹一星”元勋孙家栋，中国航天事业的杰出贡献者之一，中国科学院院士，国际宇航科学院院士，国际欧亚科学院院士。他曾任北斗卫星导航工程总设计师、探月工程总设计师等职务，在我国航天领域做出了卓越的贡献，被誉为“卫星之父”。

实验 2.5　典型信号的频谱分析、相关分析

一、实验目的

(1) 熟悉典型信号的频谱特征，并能够从信号频谱中读取所需的信息。
(2) 了解信号频谱分析的基本原理和方法，掌握用频谱分析提取测量信号特征的方法。
(3) 理解相关分析的概念、性质、作用。
(4) 掌握用相关分析法测量信号中周期成分的方法。

二、实验设备

(1) 计算机，1 台。
(2) DRVI 可重构虚拟仪器实验平台，1 套。

三、实验原理

1. 典型信号频谱分析

信号频谱分析是指采用傅里叶变换将时域信号 $x(t)$ 变换为频域信号 $X(f)$，从而帮助人们从另一个角度了解信号的特征。时域分析与频域分析的关系如图 2.15 所示。

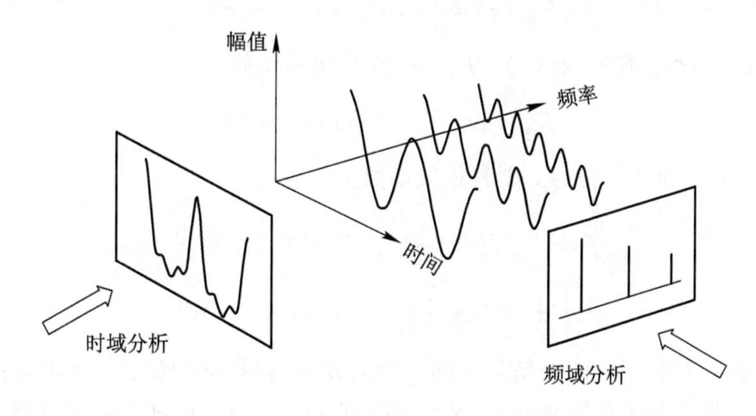

图 2.15　时域分析与频域分析的关系

信号的频谱代表了信号在不同频率分量处信号成分的大小，它能够提供比时域信号波形更直观、丰富的信息。时域信号 $x(t)$ 的傅里叶变换为

$$X(f)=\int_{-\infty}^{+\infty}x(t)\mathrm{e}^{-\mathrm{j}2\pi ft}\mathrm{d}t \tag{2.4}$$

式中，$X(f)$为信号的频域表示(即频域信号)，$x(t)$为信号的时域表示(即时域信号)，f 为频率。

频谱是构成信号的各频率分量的集合，它完整地表示了信号的频率结构，揭示了信号的频率信息，即信号由哪些谐波组成，各谐波分量的幅值大小及初始相位。

2. 典型信号的相关分析

相关是指客观事物变化量之间的相依关系。统计学中用相关系数来描述两个随机变量 x、y 之间的相关程度，即

$$\rho_{xy}=\frac{c_{xy}}{\sigma_x\sigma_y}=\frac{E[(x-\mu_x)(y-\mu_y)]}{\{E[(x-\mu_x)^2E[(y-\mu_y)^2]\}^{\frac{1}{2}}} \tag{2.5}$$

式中，c_{xy} 是两个随机变量波动量之积的数学期望，称为协方差或相关性，表征了 x、y 之间的关联程度；σ_x、σ_y 分别为随机变量 x、y 的均方差，是随机变量波动量平方的数学期望；μ_x、μ_y 分别为随机变量 x、y 的均值。

如果所研究的随机变量 x、y 是与时间 t 有关的函数，即 $x(t)$ 与 $y(t)$，这时可以引入一个与时差 τ 有关的量 $\rho_{xy}(\tau)$，称为相关系数，并有

$$\rho_{xy}(\tau)=\frac{\int_{-\infty}^{+\infty}x(t)y(t-\tau)\mathrm{d}t}{\left[\int_{-\infty}^{+\infty}x^2(t)\mathrm{d}t\int_{-\infty}^{+\infty}y^2(t)\mathrm{d}t\right]^{\frac{1}{2}}} \tag{2.6}$$

式(2.6)中假定 $x(t)$、$y(t)$ 是不含直流分量(信号均值为零)的能量信号。该式的分母是一个常量，分子是时差 τ 的函数，反映了两个信号在时差内的相关性，称为相关函数。因此相关函数定义为

$$R_{xy}(\tau)=\int_{-\infty}^{+\infty}x(t)y(t-\tau)\mathrm{d}t$$

或

$$R_{yx}(\tau)=\int_{-\infty}^{+\infty}y(t)x(t-\tau)\mathrm{d}t$$

如果 $x(t)=y(t)$，则称 $R_x(\tau)=R_{xy}(\tau)$ 为自相关函数，即

$$R_x(\tau)=\int_{-\infty}^{+\infty}x(t)x(t-\tau)\mathrm{d}t$$

若 $x(t)$ 与 $y(t)$ 为功率信号，则其相关函数为

$$R_{xy}(\tau)=\lim_{T\to\infty}\frac{1}{T}\int_{-T/2}^{T/2}x(t)y(t-\tau)\mathrm{d}t$$

$$R_x(\tau)=\lim_{T\to\infty}\frac{1}{T}\int_{-T/2}^{T/2}x(t)x(t-\tau)\mathrm{d}t$$

计算时，令 $x(t)$、$y(t)$ 两个信号之间产生时差 τ，再相乘和积分，就可以得到时差 τ 内两个信号的相关性。连续变化参数 τ，就可以得到 $x(t)$、$y(t)$ 的相关函数曲线。相关函数具有如下性质：

(1) 自相关函数是偶函数。

(2) 当 $\tau=0$ 时，自相关函数具有最大值。

(3) 周期信号的自相关函数仍然是同频率周期信号，但不具有原信号的相位信息。

(4) 两周期信号的互相关函数仍然是同频率周期信号，但保留了原信号的相位信息。

(5) 两个非同频率的周期信号互不相关。

(6) 随机信号的自相关函数将随 $|\tau|$ 值的增大而很快趋于零。

相关函数描述了两个信号或一个信号自身波形在不同时刻的相关性(或相似程度)，揭

示了信号波形的结构特性，通过相关分析我们可以发现信号中许多有规律的东西。相关分析作为信号的时域分析方法之一，为工程应用提供了重要信息，特别是在噪声背景下提取有用信息，更显示了它的实际应用价值。

四、实验内容

(1) 白噪声信号的频谱分析及相关分析。
(2) 正弦波信号的频谱分析及相关分析。
(3) 方波信号的频谱分析及相关分析。
(4) 三角波信号的频谱分析及相关分析。
(5) 正弦波信号＋白噪声信号的频谱分析及相关分析。

五、实验步骤

1. 典型信号的频谱分析

(1) 打开 DRVI 软件，单击“进入《工程测试技术实验学习教程》”，单击“典型信号频谱分析实验”，建立实验环境，如图 2.16 所示。

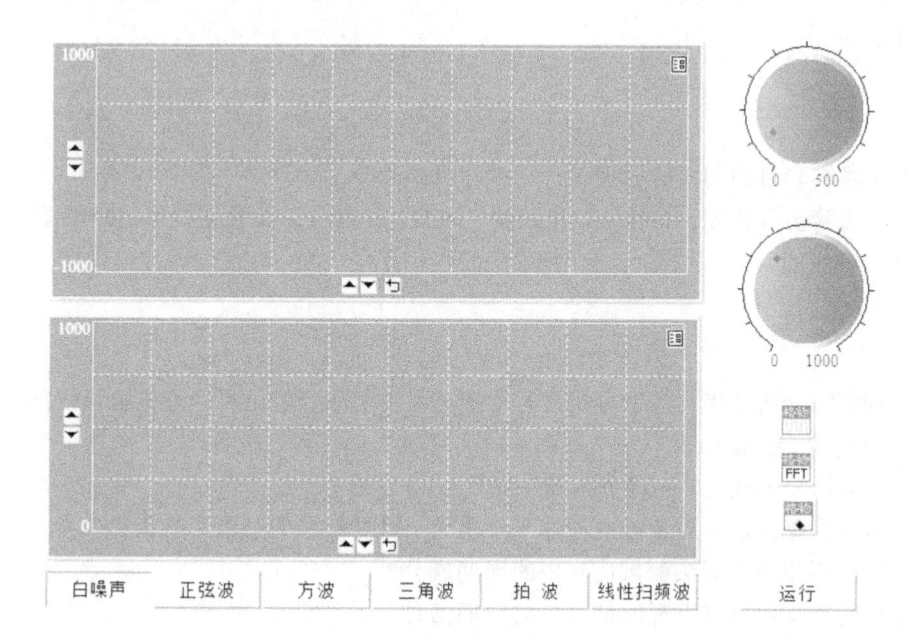

图 2.16　典型信号的频谱分析实验环境

(2) 从信号图观察典型信号波形与频谱的关系，从谱图中解读信号中携带的频率信息。

2. 典型信号的相关分析

(1) 打开 DRVI 软件，单击“进入《工程测试技术实验学习教程》”，单击“典型信号自相关分析(或互相关分析)实验”，建立实验环境，如图 2.17。

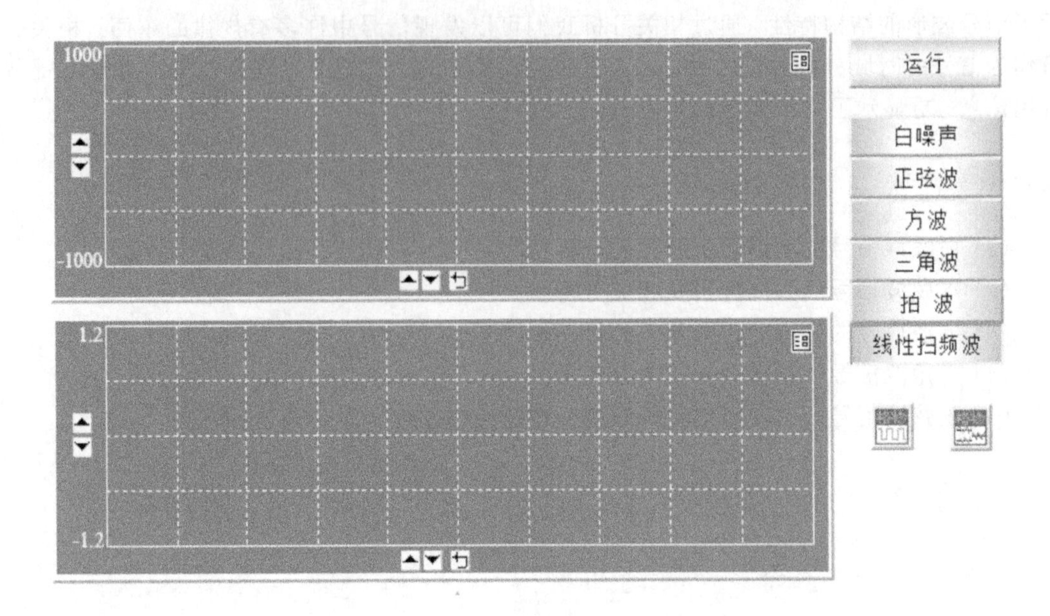

图 2.17 典型信号的自相关分析实验环境

（2）选择不同的信号类型，观察相关函数的计算结果，并与相关函数的性质对照，进行实验结果分析。

六、实验报告要求

（1）简述实验目的和实验原理。

（2）按实验步骤整理出白噪声、正弦波、方波、三角波以及叠加波形的时域图形，说明各信号频谱的特点。

七、思考题

（1）将实际分析结果与理论分析进行对照，说明实际分析结果与理论分析之间的差异，并简要分析产生误差的原因。

（2）与波形分析相比，频谱分析的主要优点是？

（3）为何白噪声信号对信号的波形干扰很大，但对信号的频谱影响很小？

（4）如何用相关分析法测量信号中的周期成分？

（5）如何在噪声背景下提取信号中的周期信息？

八、工程案例模拟应用实验

频谱分析可用于识别信号中的周期分量，是信号分析中最常用的一种手段。例如，在机床齿轮箱故障诊断中，可以通过测量齿轮箱上的振动信号来进行频谱分析，并确定最大频率分量，然后根据机床转速和传动链找出故障齿轮。

图 2.18 所示为 DRVI 中集成的一个大型空气压缩机传动装置故障诊断案例示意图。在

DRVI 软件平台的地址信息栏中输入 WEB 版实验指导书的地址，在实验目录中选择“减速箱仿真实验”，建立仿真实验环境。

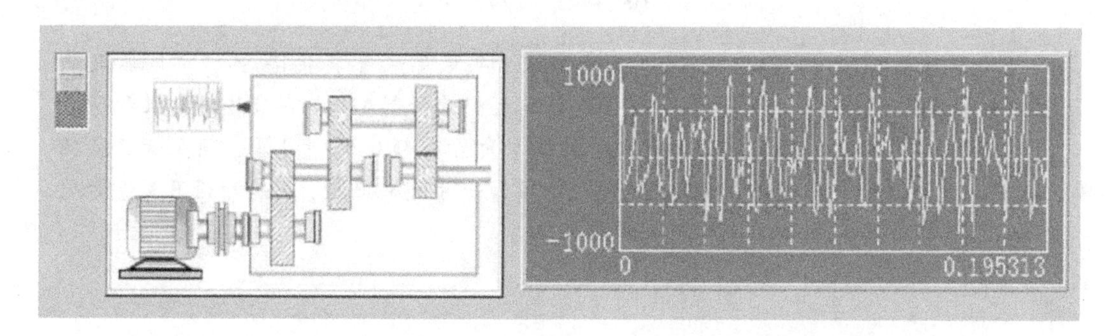

图 2.18　大型空气压缩机传动装置故障诊断案例示意图

对实验进行修改，添加频谱分析功能，然后对减速箱上测得的振动信号波形进行频谱分析，并从其频谱判断出电动机的转速和哪一根传动轴是主要的振动源。

九、实验拓展

DRVI 中集成了一个 MP3 播放器芯片，可以播放音乐，同时将音乐的波形数据导入 DRVI 中。在 DRVI 软件平台的地址信息栏中输入 WEB 版实验指导书的地址，在实验目录中选择“MP3 播放器音乐信号分析实验”，建立仿真实验环境，如图 2.19 所示。

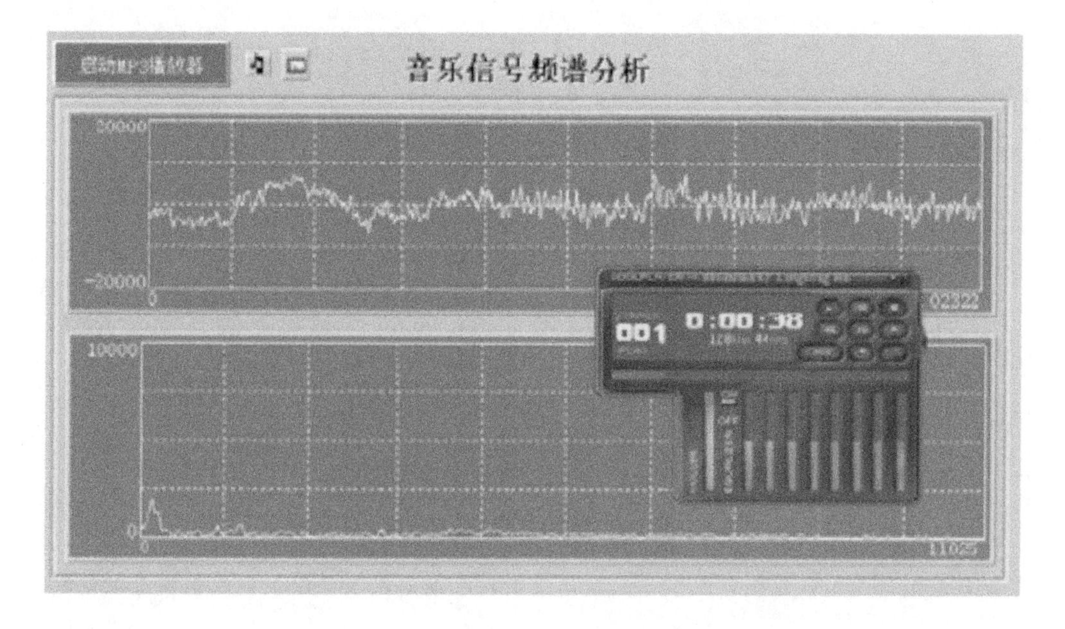

图 2.19　音乐信号频谱分析实验环境

从网上下载小提琴、小号等不同乐器演奏的音乐，以及歌曲等 MP3 格式的音频文件，用 DRVI 内嵌的 MP3 播放器播放，观察不同音乐的频谱差异，加深对信号频谱的理解。

调整 MP3 播放器上均衡器的位置，聆听音乐的变化，并同时观察信号波形、频谱的变化。

每课一星

“两弹一星”元勋任新民，中国航天事业五十年最高荣誉奖获得者，“中国航天四老”之一。他从20世纪50年代起从事导弹与航天型号研制工作，在液体发动机和型号总体技术上贡献卓著。他曾作为运载火箭的技术负责人领导了中国第一颗人造卫星的发射，曾担任试验卫星通信、实用卫星通信、风云一号气象卫星、发射外国卫星等六项大型航天工程的总设计师，主持研制和发射工作。

实验 2.6　滤波器与应用实验

一、实验目的

掌握用滤波器对信号进行滤波和预处理的方法。

二、实验设备

(1) 计算机，1 台。
(2) DRVI 可重构虚拟仪器实验平台，1 套。

三、实验原理

滤波器是一种选频装置，可以使信号中特定的频率成分通过，而极大地衰减其他频率成分。在测试装置中，利用滤波器的这种选频作用，可以滤除干扰噪声或进行频谱分析。滤波器分为低通滤波器、高通滤波器、带通滤波器和带阻滤波器，它们的显示波形如图 2.21 所示。

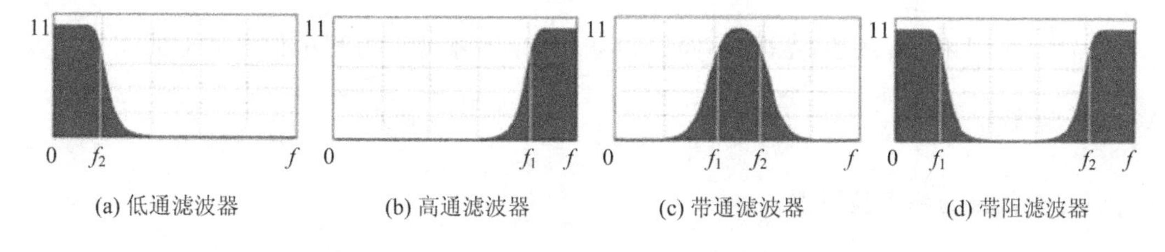

图 2.20　滤波器的显示波形

图 2.21 所示为用带通滤波器消除钢管无损探伤信号中由于传感器晃动带来的低频干扰，以及由于电磁噪声等带来的高频干扰的例子。

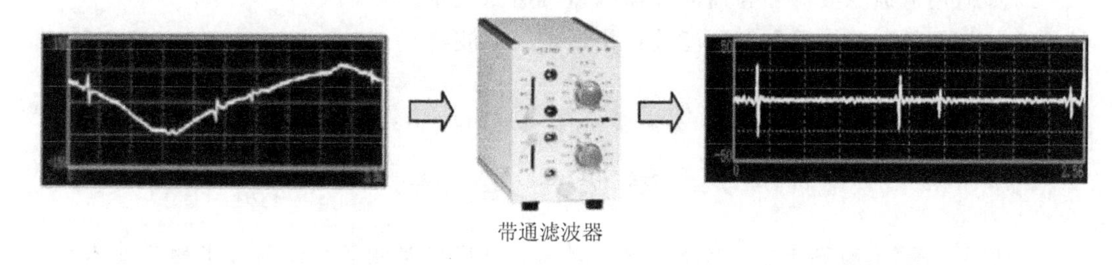

图 2.21　用带通滤波器消除信号中的干扰

四、实验内容

产生由 100 Hz、1000 Hz 和 2000 Hz 三个频率成分的正弦波信号叠加构成的多频率成分信号，然后将一个高通滤波器和一个低通滤波器串联，构成带通滤波器，滤除不同的频率分量，观察滤波器对信号的滤除效果。

五、实验步骤

(1) 打开 DRVI 软件，单击“进入《工程测试技术实验学习教程》”，单击“滤波器的作用实验”，建立实验环境，如图 2.22 所示，观察滤波过程中信号波形变化。

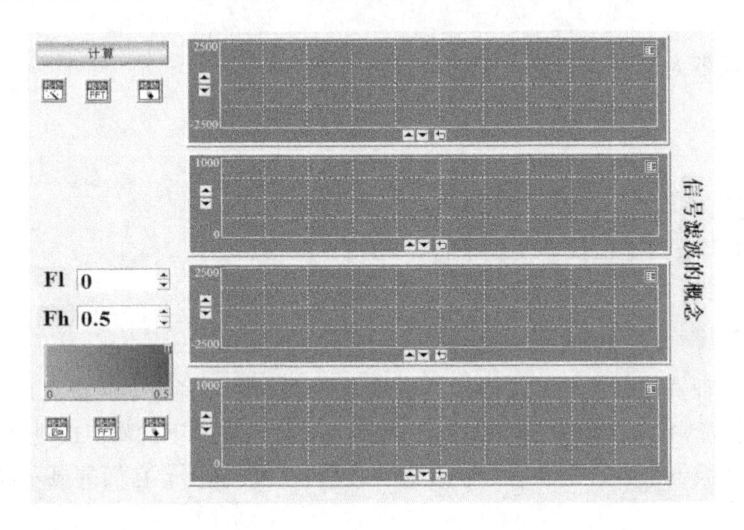

图 2.22 滤波器的作用实验环境

(2) 调节 Fl 和 Fh 的值，滤除不同的频率分量，观察滤波过程中信号波形的变化。

六、实验报告要求

简述实验目的和实验原理。

七、思考题

(1) 滤波器的种类有哪些？它们的作用有何区别？
(2) 如何用低通滤波器和高通滤波器构造带通滤波器？
(3) 如何用低通滤波器和高通滤波器构造带阻滤波器？

每课一星

“两弹一星”元勋陈芳允，无线电电子学家，中国卫星测量、控制技术的奠基人之一，中国科学院院士，中国科学技术大学和国防科技大学教授。他与合作者在 1983 年提出了“双星定位系统”的设想，试图以较少的卫星资源建立中国自己的“GPS”。2000 年 10 月，随着几颗北斗导航实验卫星成功发射，北斗导航系统初步建立，其具备定位与通信功能，标志着中国开始拥有自主的卫星导航系统。

实验 2.7　信号幅度调制与解调实验

一、实验目的

(1) 熟悉信号幅度的调制与解调原理。

(2) 了解信号调制与解调过程中波形和频谱的变化，加深对调制与解调的理解。

二、实验设备

(1) 计算机，1 台。

(2) DRVI 可重构虚拟仪器实验平台，1 套。

三、实验原理

在测试技术中，信号调制与解调是工程测试信号在传输过程中常用的一种对信号进行变换的方法，主要是解决微弱缓变信号的放大以及信号的传输问题。设测量信号为$x(t)$，高频载波信号为 $\cos(2\pi ft)$，信号调制过程就是将两者相乘，得调幅波信号为

$$y(t)=x(t)\cos(2\pi ft) \tag{2.7}$$

信号解调就是将调幅波信号再与高频载波信号相乘，得解调信号为

$$y_{\mathrm{m}}(t)=x(t)\cos^2(2\pi ft)=x(t)+\frac{1}{2}x(t)\cos(4\pi ft) \tag{2.8}$$

解调信号由 $x(t)$和 2 倍载波频率的高频信号组成，用低通滤波器滤除信号中的高频部分就可以得到测量信号 $x(t)$，这种方法称为同步解调。信号的幅度调制与同步解调过程如图 2.23 所示。

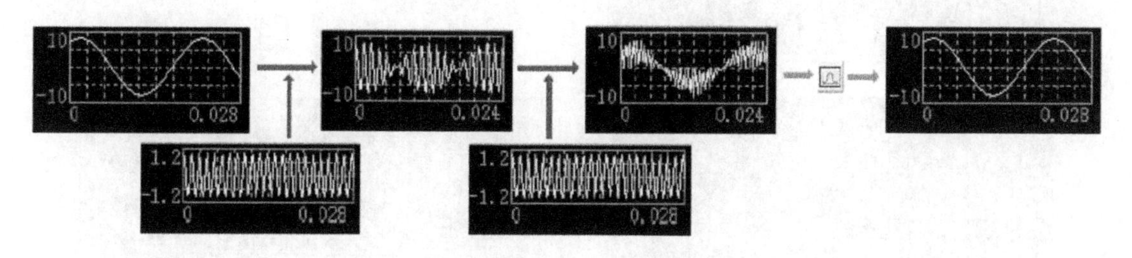

图 2.23　信号的幅度调制与同步解调过程

实际中调制与解调在不同的设备上实现，虽然载波频率可以严格一致，但相位很难同步，此时解调所用载波为 $\cos(2\pi ft+\phi)$，因此式(2.8)变为

$$y_{\mathrm{m}}(t)=x(t)\cos(2\pi ft)\cos(2\pi ft+\phi) \tag{2.9}$$

解调过程与同步解调类似，但必须保证 $x(t)$为正信号。对于双极性的测量信号 $x(t)$，需先用一个偏置电平将信号抬高为单极性的正信号，然后再进行调制与解调处理，故将信号抬高为单极性的正信号称为偏置调制，如图 2.24 所示。

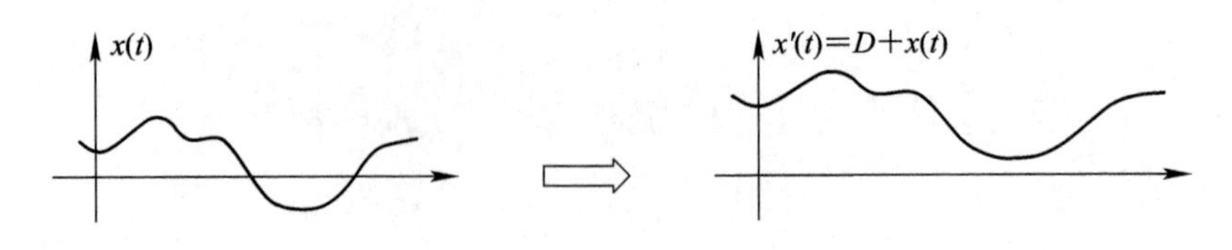

图 2.24 测量信号的偏置调制

四、实验内容

(1) 观察信号的同步调制与解调。

(2) 观察信号的偏置调制和过调失真现象。

(3) 观察信号调制中的重叠失真现象。

五、实验步骤

(1) 打开 DRVI 软件，单击“进入《工程测试技术实验学习教程》”，单击“信号的同步调制与解调实验”，建立实验环境，如图 2.25 所示，观察信号在调制与解调过程中的信号波形变化。

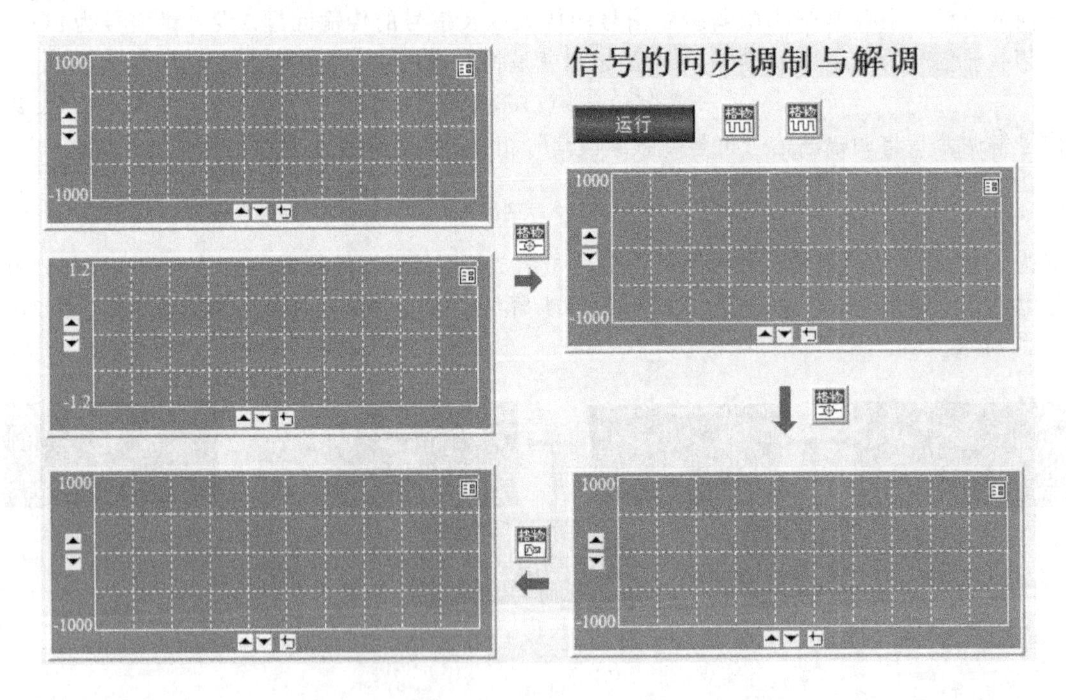

图 2.25 信号的同步调制与解调实验环境

(2) 单击“信号的偏置调制与解调实验”，建立实验环境，如图 2.26 所示，观察偏置调制与解调过程中的信号过调失真。

(3) 单击“信号载波频率对调制解调影响实验”，建立实验环境，如图 2.27 所示，观察调制与解调过程中的信号重叠失真。

(4) 在上述实验中添加频谱分析功能，观察信号调制与解调过程中信号频谱的变化。

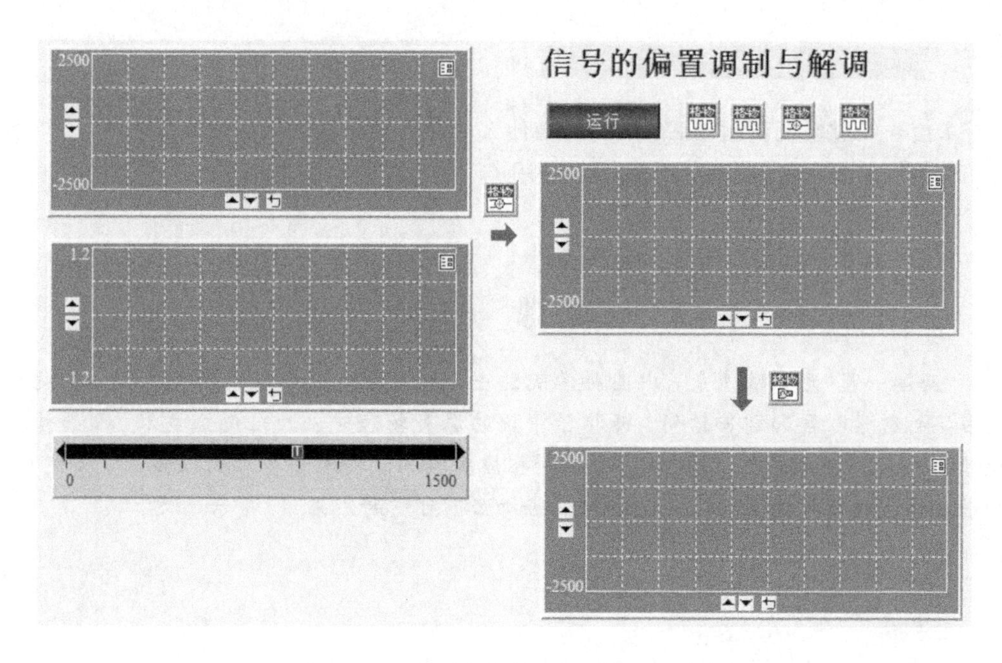

图 2.26　信号的偏置调制与解调实验环境

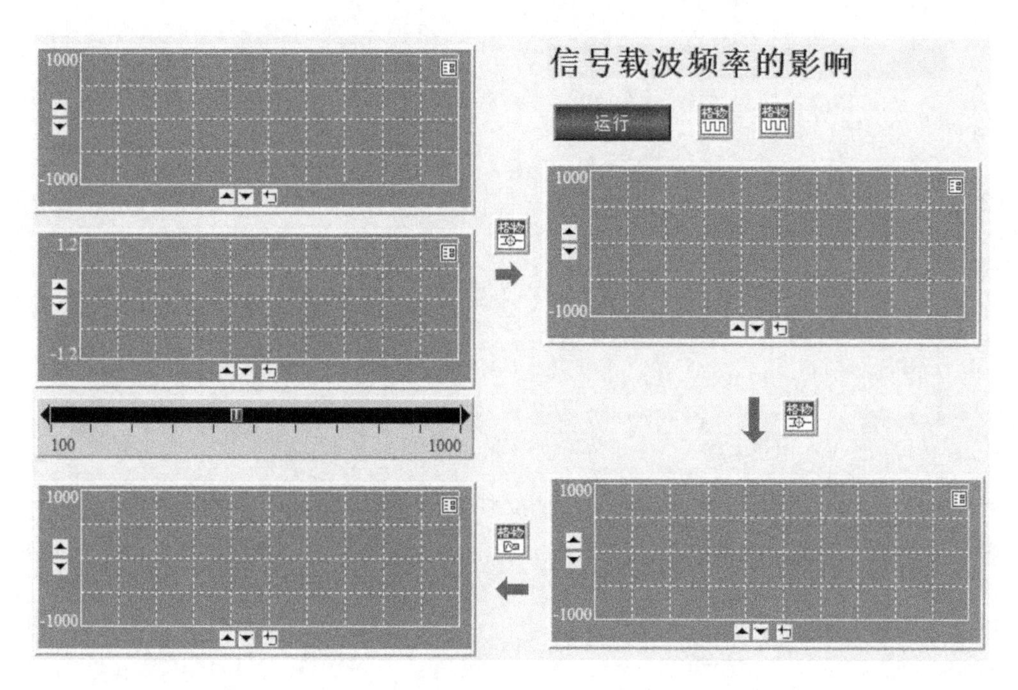

图 2.27　信号载波频率对调制解调影响实验环境

六、实验报告要求

简述实验目的和实验原理，画出实验的装配图。

七、思考题

(1) 信号经过幅度调制以后，解调时在什么情况下会出现波形失真现象？
(2) 信号的频率调制和幅度调制有何区别？

每课一星

“两弹一星”元勋陈能宽，中国科学院院士，中国核武器事业的奠基人之一。他经过多年的科学积累和刻苦钻研，开拓了中国的爆轰物理专业，在化工技术、聚合爆轰设计技术、“增压”技术、材料状态方程和相应实验测试技术等多方面取得了重大突破，相继取得为进行中国第一颗原子弹核试验所必不可少的成果。

实验 2.8　称重实验台应用实验

一、实验目的

(1) 了解用应变片测力环制作电子秤进行物品称重的方法。
(2) 掌握对称重实验台进行定标和测量误差修正的方法。

二、实验设备

(1) 计算机，1 台。
(2) DRVI 可重构虚拟仪器实验平台，1 套。
(3) 称重台(DRCZ-A)，1 个。
(4) 砝码，1 套。
(5) DRDAQ-USB 型数据采集仪，1 台。

三、实验原理

DRCZ-A 型称重台由应变式力传感器、底座、支架和托盘构成，如图 2.28 所示。其中应变式力传感器由测力环和 4 个应变片构成的全桥电路组成。当物料加到载物台后，4 个应变片会发生变形，通过电桥放大后产生电压输出。

图 2.28　称重实验台

电阻应变片是利用物体线性长度发生变形时其阻值会发生改变的原理制成的，其电阻丝一般用康铜材料。电阻应变片具有高稳定性及良好的温度、蠕变补偿性能。测量电路普遍采用惠斯通电桥(如图 2.29 所示)，利用欧姆定律测量电压值。

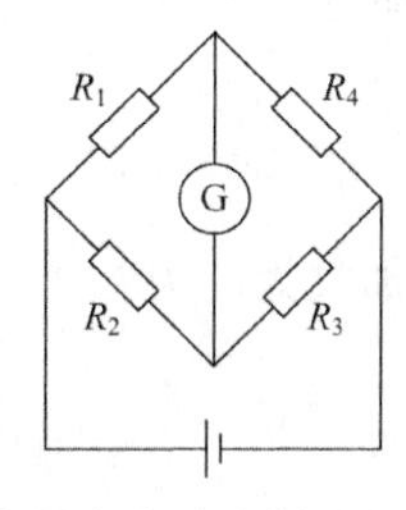

图 2.29　电阻应变片惠斯通电桥测量电路

为提高测量精度，称重实验台使用前可用标准砝码对其进行标定，得到物料重量与输出电压的关系曲线。实际使用时将测量电压按该曲线反求出实际重量即可。

四、实验步骤

（1）关闭 DRDAQ-USB 型数据采集仪的电源，将需使用的传感器连接到数据采集仪的数据采集通道上。禁止带电从数据采集仪上插拔传感器，否则会损坏数据采集仪和传感器。

（2）开启 DRDAQ-USB 型数据采集仪的电源。

（3）打开 DRVI 软件，单击“进入《工程测试技术实验学习教程》”，单击“力传感器标定及称重实验”，建立实验环境，如图 2.30 所示。实验时先根据两点法用砝码对称重传感器进行标定，得到该传感器的电压-重量关系曲线。

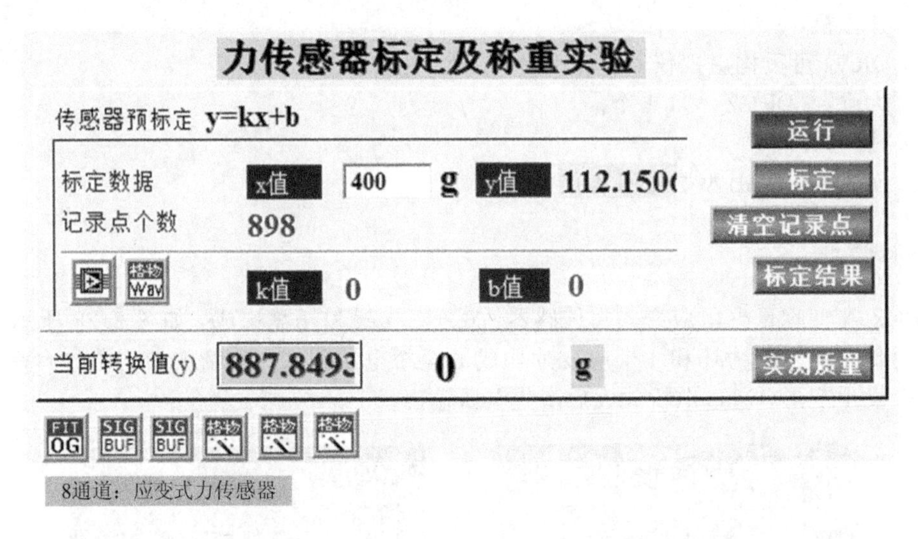

图 2.30 应变式力传感器称重实验环境

五、实验报告要求

（1）简述实验目的和实验原理，分析并整理称重结果。

（2）画出 $y=kx+b$ 直线图。

六、实验注意事项

（1）DRCZ-A 型称重台只能称重或测量不超过 2 kg 的力（平稳，不含过强冲击）。

（2）不要冲击传感器或在其上施加过大的力，以免因过载而损坏传感器。

七、思考题

为什么不能对应变式力传感器施加过大的力？

每课一星

“两弹一星”元勋周光召，中国著名的理论物理和粒子物理学家，曾任第九届全国人大常委会副委员长、中国科学院院长、中国工程物理研究院研究员、中国科学技术协会名誉主席。他主要从事高能物理、核武器理论等方面的研究并取得突出成就，为我国原子弹和氢弹研发做出重要贡献。

实验 2.9 转子实验台转速测量实验

一、实验目的

(1) 掌握回转机械转速测量方法。
(2) 掌握光电转速传感器和磁电转速传感器的工作原理。

二、实验设备

(1) 计算机，1 台。
(2) DRVI 可重构虚拟仪器实验平台，1 套。
(3) 转子实验台(DRZZS-A)，1 套。
(4) DRDAQ-USB 型数据采集仪，1 台。
(5) DRHYF-B 型传感器，1 台。

三、实验原理

对于多功能转子实验台的转速，可以分别采用光电转速传感器和磁电转速传感器进行测量。

1. 采用光电转速传感器测量

本实验用的是反射式光电转速传感器(如图 2.31 所示)。该类传感器的同一壳体内装有发射器和接收器，光从发射器中被发射到被测物体的反光纸上，然后再反射回接收器，从而产生感应。该类传感器利用光电转换的原理，将旋转物体的转速通过 DRHYF-B 型传感器转换成与其相对应的脉冲电信号并送给二次仪表，进行频率或转速的测量。

将反光纸贴在圆盘的侧面，调整光电转速传感器的位置，一般推荐把传感器的探头放置在被测物体前 2～3 cm，并使其前面的红外光源对准反光纸，使当反光纸经过时传感器的探测指示灯亮，反光纸转过后传感器的探测指示灯不亮(必要时可调节传感器后部的敏感度电位器)。当旋转部件上的反光纸通过光电转速传感器前时，光电转速传感器的输出就会跳变一次，通过测出这个跳变频率 f 就可知道转速 n。

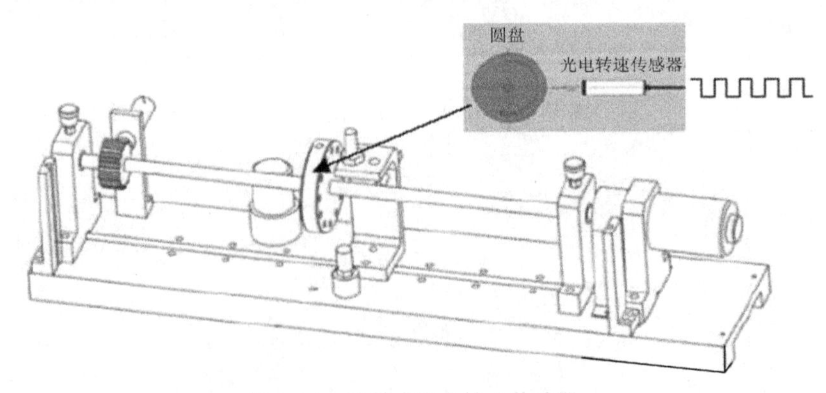

图 2.31 反射式光电转速传感器

2. 采用磁电转速传感器测量

磁电转速传感器(如图 2.32 所示)是针对测速齿轮设计的机一电能量变换型传感器(无源)，它不需要供电，测速齿轮旋转引起的磁隙变化在探头线圈中产生感生电动势，其幅度与转速有关，输出频率与转速成正比，转速越高，输出电压越大。磁电转速传感器的工作特性如图 2.33 所示。

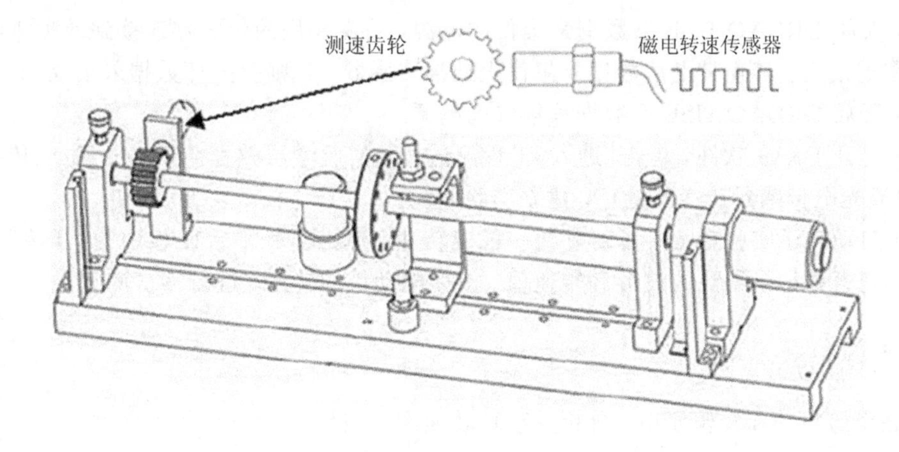

图 2.32　磁电转速传感器

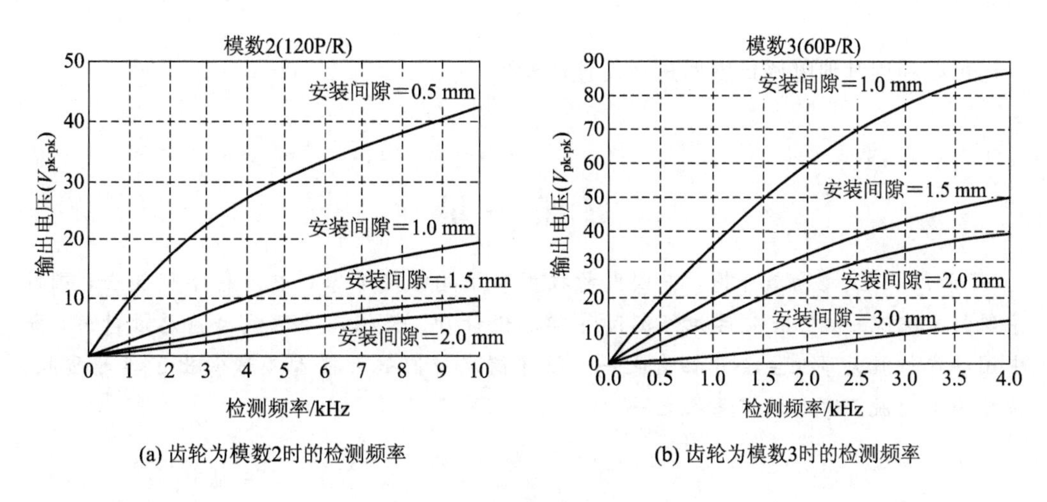

图 2.33　磁电转速传感器的工作特性

将磁电转速传感器安装在转子实验台上专用的传感器架上，使其探头对准测速用的 15 齿齿轮的中部，调节探头与齿顶的距离，使测试距离为 1 mm。在已知发讯齿轮齿数的情况下，测得传感器输出信号脉冲的频率就可以计算出测速齿轮的转速。若设齿轮齿数为 N，转速为 n，脉冲频率为 f，则有

$$n = \frac{f}{N} \tag{2.10}$$

通常，转速的单位是转/分钟，所以要在公式(2.10)的结果上再乘以 60 才是转速数据，即

$$n = 60 \times \frac{f}{N}$$

在使用60齿的发讯齿轮时，可以得到一个简单的转速公式，即 $n=f$，所以可以使用频率计测量转速，这就是在工业中测量转速时发讯齿轮的齿数多为60齿的原因。

四、实验步骤

(1) 关闭DRDAQ-USB型数据采集仪的电源，将需使用的传感器连接到数据采集仪的数据采集通道上。禁止带电从数据采集仪上插拔传感器，否则会损坏数据采集仪和传感器。

(2) 开启DRDAQ-USB型数据采集仪的电源。

(3) 打开DRVI软件，单击“进入《工程测试技术实验学习教程》”，单击“磁电传感器转速测量(或光电传感器转速测量)”，建立实验环境。

(4) 启动转子实验台，将其调节到一稳定转速，单击实验平台面板中的“开始”按钮进行测量，观察并记录得到的波形和转速值。改变电动机的转速，进行多次测量。

五、实验报告要求

简述实验目的和实验原理，分析并整理转速测量结果。

六、思考题

还可以利用其他哪些传感器进行转速测量？

每课一星

“两弹一星”元勋屠守锷，中国火箭技术和结构强度专家，中国科学院院士，国际宇航科学院院士。他曾先后担任洲际导弹总设计师、长征二号运载火箭总设计师，是中国导弹与航天事业主要开拓者之一。屠守锷在中国航天技术领域做出了卓越贡献，被誉为中国航天事业的奠基人之一。

实验 2.10　转子实验台底座振动测量实验

一、实验目的

(1) 掌握回转机械振动测量方法。
(2) 掌握加速度传感器和速度传感器的工作原理。

二、实验设备

(1) 计算机，1 台。
(2) DRVI 可重构虚拟仪器实验平台，1 套。
(3) 转子实验台(DRZZS-A)，1 套。
(4) DRDAQ-USB 型数据采集仪，1 台。

三、实验原理

DRZZS-A 型多功能转子实验台由底座、主轴、飞轮、直流电机、主轴支座、含油轴承及油杯、电机支座、连轴器及护罩、RS9008 电涡流传感器支架、磁电转速传感器支架、测速齿轮(15 齿)、保护挡板支架等组成，如图 2.34 所示。

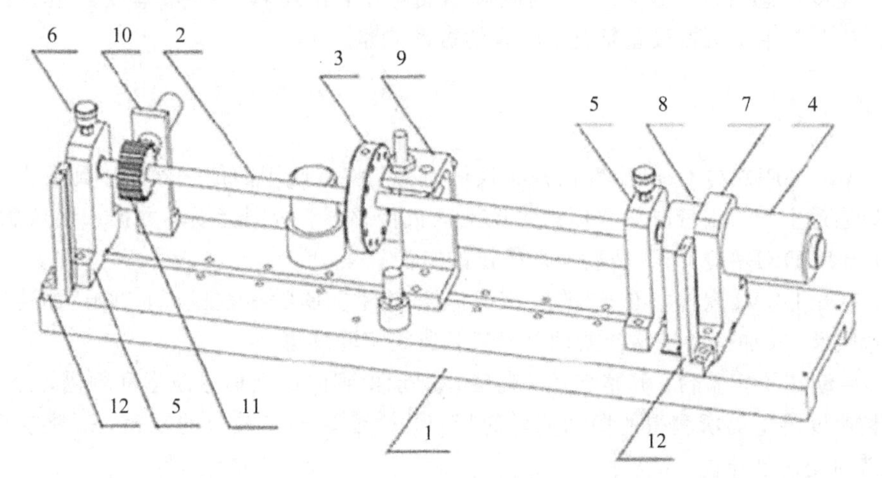

1—底座；2—主轴；3—飞轮；4—直流电机；5—主轴支座；6—含油轴承及油杯；7—电机支座；
8—连轴器及护罩；9—RS9008电涡流传感器支架；10—磁电转速传感器支架；
11—测速齿轮(15齿)；12—保护挡板支架。

图 2.34　加速度与速度传感器振动测量

对于多功能转子实验台底座的振动，可采用加速度传感器和速度传感器进行测量，如图 2.35 所示。将带有磁座的加速度传感器和速度传感器放置在实验台的底座上，将传感器的输出接到变送器相应的端口，再将变送器输出的信号接到 DRDAQ-USB 型数据采集仪的相应通道，将输出信号输入到计算机中。

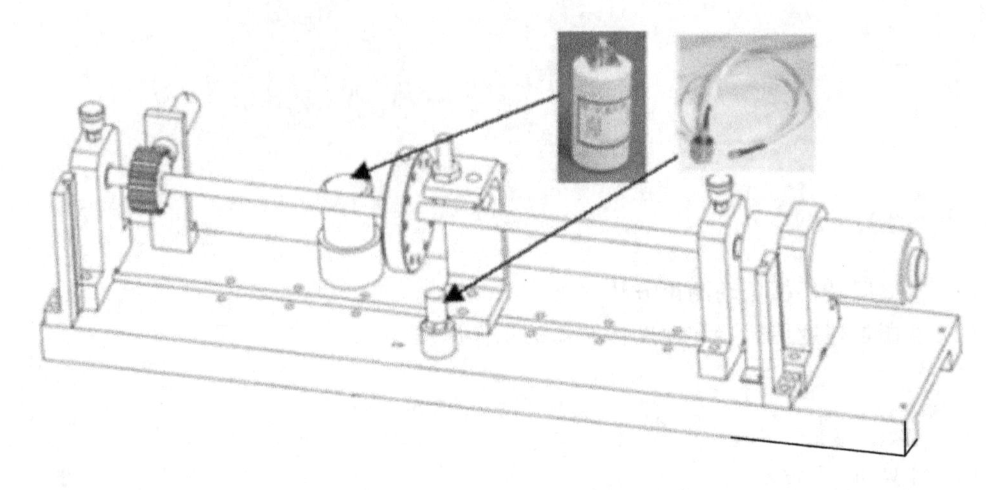

图 2.35 加速度传感器和速度传感器振动测量

压电式加速度传感器的力学模型可简化为一个单自由度质量—弹簧系统。根据压电效应的原理，当晶体上受到振动作用力后产生电荷量，该电荷量与作用力成正比，这就是压电式加速度传感器完成机电转换的工作原理。

速度传感器的壳体内固定有磁铁，惯性质量(线圈组件)用弹性元件悬挂在壳体上。当振动物体带动壳体振动时，在传感器的工作频率范围内，线圈与磁铁相对运动，切割磁力线，在线圈内产生感应电压，该电压值正比于振动速度值。将速度传感器与二次仪表(如振动烈度监视仪、瓦振监视仪等)相配接即可显示振动速度或相位。

振动速度传感器被广泛应用于机械振动测量中，由于其工作频率较加速度传感器的低，因此其常常用于机械设备轴瓦、底座的振动测量。

四、实验步骤

(1) 关闭 DRDAQ-USB 型数据采集仪的电源，将需使用的传感器连接到数据采集仪的数据采集通道上。禁止带电从数据采集仪上插拔传感器，否则会损坏数据采集仪和传感器。

(2) 开启 DRDAQ-USB 型数据采集仪的电源。

(3) 打开 DRVI 软件，单击“进入《工程测试技术实验学习教程》”，单击“加速度传感器振动测量实验(或加速度传感器振动测量)”，建立实验环境。

(4) 启动转子实验台，调整转速。观察并记录得到的振动信号波形和频谱，比较加速度传感器和速度传感器所测得的振动信号的特点。改变转子实验台的转速，观察振动信号波形和频谱的变化规律。

五、实验报告要求

(1) 简述实验目的和实验原理。

(2) 整理和分析实验中得到的振动信号的数据，并分析其结果。

六、思考题

(1) 为什么要采用加速度传感器测量振动信号?

（2）还可以采用哪些方式测量振动信号？

每课一星

“两弹一星”元勋黄纬禄，中国科学院资深院士，中国著名火箭与导弹控制技术专家和航天事业的奠基人之一，中国首枚潜地导弹总设计师，中国第一艘核潜艇副总设计师，中国陆上发射井液体战略导弹副总工程师，水下核潜艇固体潜地战略导弹总设计师，陆上机动车固体战略导弹总设计师和地空导弹武器系统总设计师。

实验 2.11　三点加重法转子动平衡实验

一、实验目的

(1) 了解回转机械动平衡的概念和原理。
(2) 掌握加速度传感器和应变式力传感器的工作原理。

二、实验设备

(1) 计算机，1 台。
(2) DRVI 可重构虚拟仪器实验平台，1 套。
(3) 转子实验台(DRZZS-A)，1 套。
(4) DRDAQ-USB 型数据采集仪，1 台。

三、实验原理

在实际工作过程中，人们通常用单面加重三元作图法进行叶轮、转子等设备的现场动平衡，以消除过大的振动超差。这一方法的优点是设备简单，只需一块测振表，但其缺点是作图分析的过程复杂，不易掌握，而且容易出现错误。为此，我们在这里介绍一种常见且简单易行的方法——单面现场动平衡的三点加重法。三点加重法示意图如图 2.36 所示。

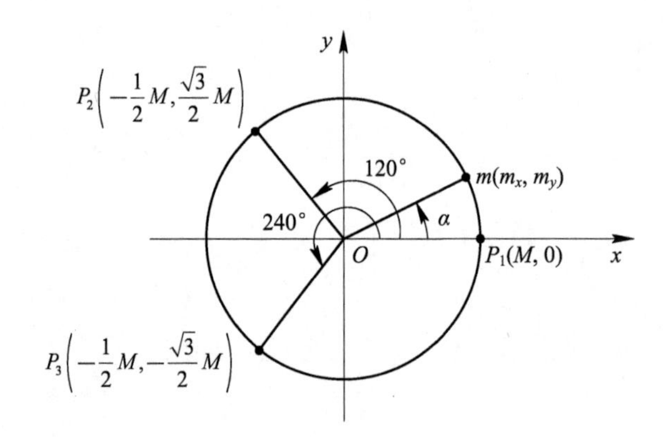

图 2.36　三点加重法示意图

假设转子上有一不平衡量 m，其所处角度为 α，用分量 m_x、m_y 表示不平衡量，且

$$m_x = m\cos\alpha$$

$$m_y = m\sin\alpha$$

为了确定不平衡量 m 的大小和位置，启动转子在工作转速下旋转，用测振设备在一固定点测试振动振速。设振动振速为 V_0，则 V_0 和 m_x、m_y 之间存在下列关系：

$$K\sqrt{m_x^2 + m_y^2} = V_0$$

式中，K 为比例系数。

在点 $P_1(\alpha=0)$处加试重 M，启动转子在工作转速下旋转，测得振动振速 V_1，则 V_1 和 m_x、m_y 之间有如下关系：

$$K\sqrt{(m_x+M)^2+m_y^2}=V_1 \tag{2.11}$$

用同样的方式分别在点 $P_2(\alpha=120°)$和 $P_3(\alpha=240°)$处加试重 M，并测得振动振速 V_2、V_3，则 V_2 和 V_3 与 m_x、m_y 之间有如下关系：

$$K\sqrt{\left(m_x-\frac{1}{2}M\right)^2+\left(m_y+\frac{\sqrt{3}}{2}M\right)^2}=V_2 \tag{2.12}$$

$$K\sqrt{\left(m_x-\frac{1}{2}M\right)^2+\left(m_y-\frac{\sqrt{3}}{2}M\right)^2}=V_3 \tag{2.13}$$

从式(2.11)、式(2.12)、式(2.13)可推导出

$$K^2=\frac{V_1^2+V_2^2+V_3^2+3V_0^2}{3M^2} \tag{2.14}$$

$$m_x=\frac{V_1^2-V_2^2}{2MK^2}-\frac{1}{2}M \tag{2.15}$$

$$m_y=\frac{1}{2\sqrt{3}MK^2}(V_2^2-V_3^2) \tag{2.16}$$

从而可以进一步推得

$$m=\sqrt{m_x^2+m_y^2} \tag{2.17}$$

$$\alpha=\arctan\frac{m_y}{m_x} \tag{2.18}$$

由式(2.17)和式(2.18)可知，根据 m_x、m_y 可以计算不平衡量 m 和其所处角度。

当转子的转速低于轴的临界转速时，转子为刚性转子，临界转速可以通过观察轴心轨迹的改变来确定。本实验实际是由动平衡配重测量实验和三点加重法转子动平衡实验组成的，即先进行动平衡配重测量实验，测得配重数据后再进行三点加重法转子动平衡实验。

四、实验步骤

(1) 在配重圆盘上加一个螺钉作为不平衡量。

(2) 打开 DRVI 软件，单击“进入《工程测试技术实验学习教程》”，打开“转子动平衡实验”，建立实验环境。

(3) 启动转子实验台，调节调速器，使转速稳定在一个转速上(在以后的实验步骤中只用调速器上的“开关”启停，不要调节转子实验台上调速器的电位器)。单击“开始”按钮，再单击“获取初始振动数据”按钮，获取初始振动数据，然后停止运行转子实验台。

(4) 取一个质量已知的螺钉，固定在配重圆盘的一个位置并记录该位置为零位置。启动转子实验台，单击“获取角度为 0°的振动数据”按钮，获取第二组数据。停止运行转子实验台。

(5) 取下该螺钉，从零位置开始沿一个方向转动 120°，固定螺钉，再启动转子实验台，单击“获取角度为 120°的振动数据”按钮，获取第三组数据。

(6) 用步骤(5)中的方法获取沿同一方向旋转后与零位置成 240°的振动数据。

(7) 单击“计算”按钮，即可计算出不平衡量的质量和其所处角度。

注意：转子实验台的转速在临界转速(4000 r/min)以下时转子才是刚性转子。

五、实验报告要求

简述实验目的和实验原理。

六、思考题

为什么回转机械要进行平衡测试?

每课一星

“两弹一星”元勋程开甲，中共党员，九三学社社员，中国科学院院士。他是一位著名的理论物理学家，也是中国核武器研究的开拓者之一，在中国核试验科学技术体系的创建过程中发挥了重要作用。他曾获得“两弹一星”功勋奖章、2013 年国家最高科学技术奖等殊荣，并担任中国人民解放军总装备部科技委顾问。

实验 2.12　转子轴心轨迹测量实验

一、实验目的

（1）掌握回转机械轴心轨迹测量方法。
（2）掌握电涡流传感器的工作原理。

二、实验设备

（1）计算机，1 台。
（2）DRVI 可重构虚拟仪器实验平台，1 套。
（3）转子实验台(DRZZS-A)，1 套。
（4）DRDAQ-USB 型数据采集仪，1 台。

三、实验原理

轴心轨迹是转子运行时轴心的位置。在忽略轴的圆度误差的情况下，可以将两个电涡流传感器探头安装到实验台中部的传感器支架上，使其相互成 90°，并调好两个探头到主轴的距离(约 1.6 mm)，标准是使从前置器输出的信号刚好为 0(mV)。转子实验台启动后两个传感器测量的就是轴心在两个相互垂直方向(水平方向和垂直方向)上的瞬时位移，合成为李沙育图后就是转子的轴心轨迹。电涡流传感器的工作示意图如图 2.37 所示。

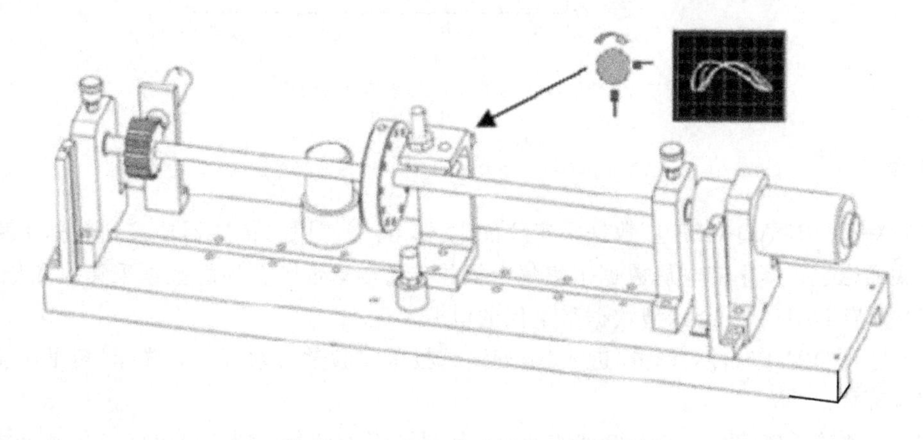

图 2.37　电涡流传感器的工作示意图

探头是电涡流传感器的一个必要组成部分，它是采集、感受被测体信号的重要部分，能精确地探测出被测体表面相对于探头端面间隙的变化。通常，探头由线圈、头部保护罩、探头壳体(不锈钢壳体)、高频电缆、探头电缆接头(高频接头)等组成。

线圈是探头的核心部分，它是整个传感器系统的敏感元件，线圈的电气参数和物理几何尺寸决定传感器系统的线性量程及传感器的稳定性。探头头部采用耐高低温、抗腐蚀、高强度和高韧性的进口工程塑料 PPS，通过“模具成型”和“二次真空注塑工艺”将线圈密封在头部保护罩里，从而保证线圈长时间不受氧化。

探头壳体采用不锈钢制成，用于支撑探头头部，作为探头安装时的夹装结构。通常，壳体上有标准螺纹，并备有两个紧固螺母。

高频电缆用于连接探头头部和前置器(有时中间带有延伸电缆转接)，这种电缆是氟塑料绝缘的射频同轴电缆，通常电缆长度有 0.5 m、1 m、5 m、9 m 四种。电缆当长度为 0.5 m 和 1 m 时必须用延伸电缆，以保证系统的总电缆长度为 5 m 或 9 m，至于选择 5 m 还是 9 m，应该以满足将前置器安装在设备机组的同一侧来决定。根据探头的应用场合和安装环境，探头所带电缆可以配有不锈钢软管铠装(可选择)，以保护电缆不易被损坏。对于安装现场安装探头电缆无管道布置的情况，应该选择铠装。

探头电缆接头选用进口黄金自锁插头和插座，其接触电阻小，可靠性大大增强。壳体尾部的出线孔采用圆弧过渡，保证电缆线不在此扭伤。

电涡流传感器的输出特性可用位移-电压曲线表示，如图 2.38 示。图中的横坐标表示位移的变化，纵坐标代表前置器输出电压的变化。理想的位移-电压曲线是斜率恒定的直线，直线的 a-c 段为线性区，即有效测量段。b 点为传感器线性中点。

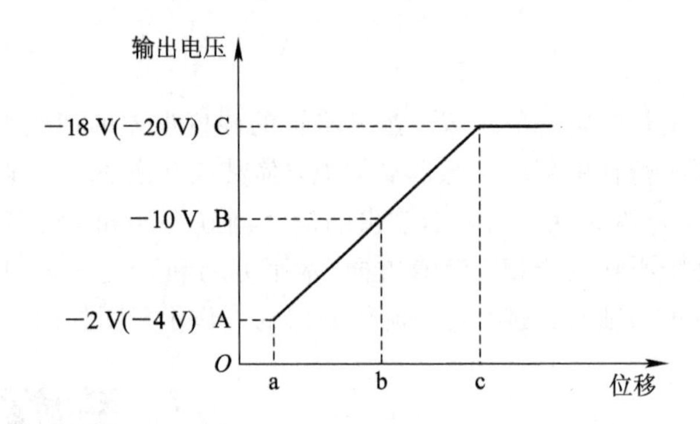

图 2.38 位移-电压特性曲线(负特性输出)

四、实验步骤

(1) 关闭 DRDAQ-USB 型数据采集仪的电源，将需使用的传感器连接到数据采集仪的数据采集通道上。禁止带电从数据采集仪上插拔传感器，否则会损坏数据采集仪和传感器。

(2) 开启 DRDAQ-USB 型数据采集仪的电源。

(3) 打开 DRVI 软件，单击“进入《工程测试技术实验学习教程》”，选择“转子实验台”，建立实验环境。

(4) 启动转子实验台，观察得到的波形。如果波形不清楚，则调节电涡流传感器探头与轴之间的距离，直到两个方向的波形稳定且振幅相近。

五、实验报告要求

简述实验目的和实验原理。

六、思考题

简述电涡流传感器的工作原理及在机械设备中的应用。

每 课 一 星

“两弹一星”元勋杨嘉墀，航天技术和自动控制专家，自动检测学的奠基者。他长期致力于中国自动化技术和航天技术的研究发展，参与制定中国空间技术发展规划，领导和参加包括第一颗卫星在内的多种卫星的总体及自动控制系统的研制。他还多次参与中国空间计划方案论证工作，主持人造卫星姿态控制系统的研究与发展，在三轴稳定的返回式卫星和科学探测卫星的发展中做出重大贡献。

第3章　机床电气及PLC控制实验

“机床电气及PLC控制”课程是机械专业的一门实践性较强的学科基础课，其主要内容包括PLC的硬件结构和工作原理，PLC的编程语言、编程软件、基本逻辑指令，顺序控制设计、顺序功能图及其基本结构，PLC的经验设计法、顺序控制设计法、置位复位指令编程法、STL指令编程法等。

“机床电气及PLC控制”课程的能力培养要求如下：

(1) 掌握PLC的工作原理与硬件结构，了解PLC的特点、应用范围及发展趋势，学会结合控制对象选择控制方法，具备PLC开发的基础知识。

(2) 掌握PLC的编程软件、基本逻辑指令，熟悉PLC的编程语言和梯形图的特点，初步具备PLC开发基础和能力。

(3) 熟悉PLC的经验设计法，掌握PLC的顺序控制设计法、置位复位指令编程法、STL指令编程法，理解顺序功能图的基本结构，具备用经验设计法和顺序控制设计法进行PLC程序设计的能力。

(4) 学会使用PLC的编程软件，会调试PLC程序和观察结果，培养实际动手能力以及分析问题、解决问题的能力。

“机床电气及PLC控制实验”课程是一门设计性实验课程。通过实验，学生能熟悉PLC系统配置、指令系统、编程操作以及掌握一般控制系统的设计思想和设计步骤，具有分析和解决实际问题的能力。

实验3.1　PLC基本指令的应用

一、实验目的

(1) 理解FX系列PLC的功能及工作原理，熟悉PLC输入/输出的含义。

(2) 掌握PLC的基本逻辑指令及典型程序的分析方法。

(3) 掌握PLC的梯形图及语句表的编辑方法。

(4) 掌握PLC控制系统的虚拟/模拟仿真、调试验证方法。

二、实验设备

(1) PLC实验平台(FX_{3U}-48M)，1台。

(2) PC(含编程软件GX Developer 8.0)，1台。

(3) 编程电缆+连接导线，若干。

三、实验内容

1. 保持电路

保持电路的时序图和参考程序梯形图如图3.1所示。当启动按钮X0接通时，Y0有输出并保持；当停止按钮X1接通时，其常闭触点断开，Y0无输出。

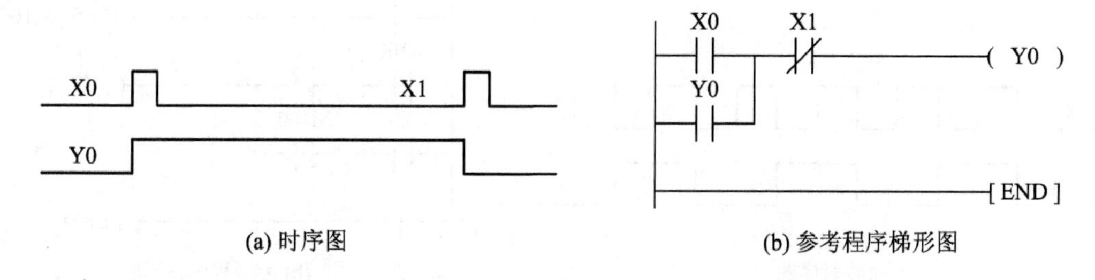

图3.1　保持电路的时序图和参考程序梯形图

按照保持电路的要求编写PLC控制程序并将其传至PLC。按照要求连接PLC的主机和输入/输出实验板，运行PLC控制程序，通过模拟保持电路输入信号观察输出结果。

2. 延时断开电路

延时断开电路的时序图和参考程序梯形图如图3.2所示。当X0接通(为ON)时，Y0接通；当X0断开(为OFF)时，内部定时器T0启动，定时5 s后，定时器触点闭合，Y0断开。

按照延时断开电路的要求编写PLC控制程序并将其传至PLC。按照要求连接PLC

的主机和输入/输出实验板，运行 PLC 控制程序，通过模拟延时断开电路输入信号观察输出结果。

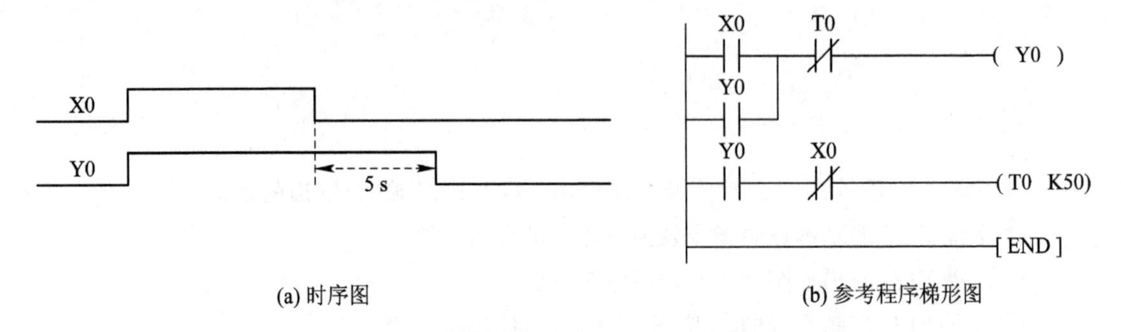

(a) 时序图　　(b) 参考程序梯形图

图 3.2　延时断开电路的时序图和参考程序梯形图

3. 分频电路

图 3.3 所示为一个二分频电路的时序图和参考程序梯形图。待分频的脉冲信号加在常开触点 X0 上，当第一个脉冲信号到来时，M100 产生一个扫描周期的单脉冲，使常开触点 M100 闭合一个扫描周期。此时，常开触点 M100 接通，常闭触点 M100 断开，Y0 接通；第一个脉冲到来一个扫描周期后，常开触点 M100 断开，常闭触点 M100 接通，Y0 接通。当第二个脉冲到来时，M100 再产生一个扫描周期的单脉冲，Y0 由接通变为断开；第二个脉冲到来一个扫描周期后，Y0 保持断开。当第三个脉冲到来时，Y0 与 M100 的状态和第一个脉冲到来时的完全相同，因此 Y0 重复前面的状态。通过分析可知，每输入两个矩形脉冲，就产生一个矩形输出脉冲。

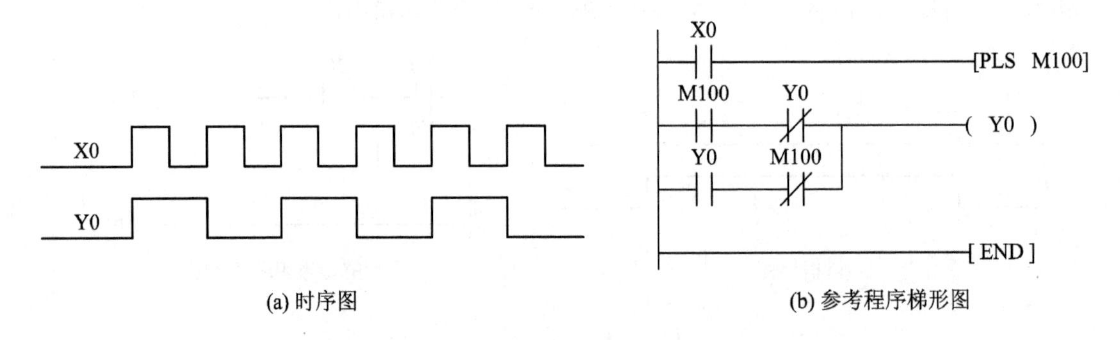

(a) 时序图　　(b) 参考程序梯形图

图 3.3　二分频电路的时序图和参考程序梯形图

按照二分频电路的要求编写 PLC 控制程序并将其传至 PLC。按照要求连接 PLC 的主机和输入/输出实验板，运行 PLC 控制程序，通过模拟二分频电路输入信号观察输出结果。

4. 振荡电路

图 3.4 是振荡电路的时序图和参考程序梯形图。当常开触点 X0 接通时，输出 Y0 闪烁，接通与断开交替变化。接通时间为 1 s，由定时器 T0 设定，断开时间为 2 s，由定时器 T1 设定。

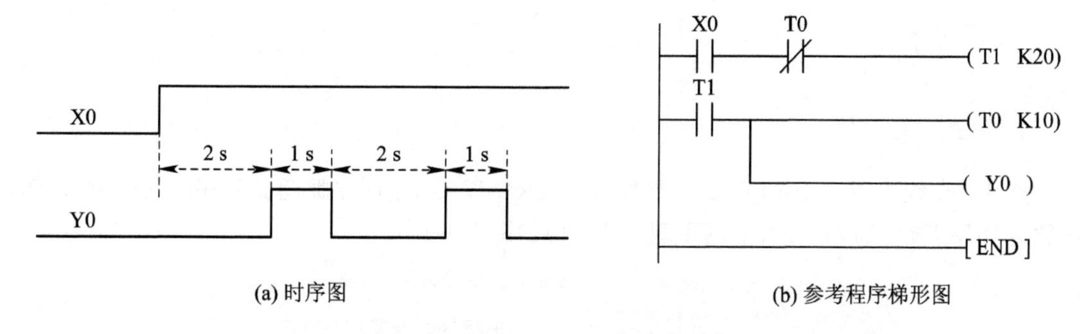

图 3.4　振荡电路的时序图和参考程序梯形图

按照振荡电路的要求编写 PLC 控制程序并将其传至 PLC。按照要求连接 PLC 的主机和输入/输出实验板，运行 PLC 控制程序，通过模拟振荡电路输入信号观察输出结果。

5. 报警电路

图 3.5 为报警电路的时序图和参考程序梯形图。X0 为报警输入条件，即 X0＝ON 时报警，输出 Y0 报警灯闪烁，Y1 报警蜂鸣器接通。X1 为报警响应，X1 接通后，Y0 报警灯由闪烁变为常亮，同时 Y1 报警蜂鸣器关闭。X2 为报警灯测试信号，若 X2 接通，则 Y0 接通。定时器 T0 和 T1 构成振荡电路，接通与断开时间各为 0.5 s，交替变化。

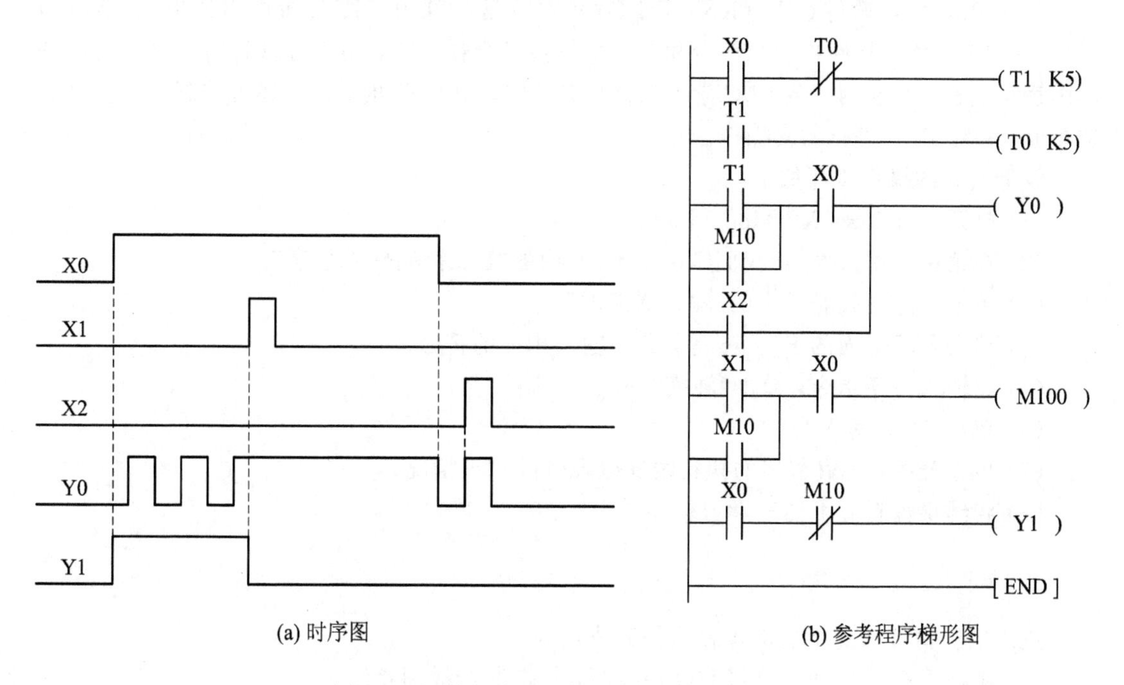

图 3.5　报警电路的时序图和参考程序梯形图

按照报警电路的要求编写 PLC 控制程序并将其传至 PLC。按照要求连接 PLC 的主机和输入/输出实验板，运行 PLC 控制程序，通过模拟报警电路输入信号观察输出结果。

四、实验步骤

1. 线上实验

课前，在线上用三菱 PLC 学习软件(FX-TRN-BEG-C)官方版调试程序。三菱 PLC 学习软件(FX-TRN-BEG-C)可上网下载，其界面如图 3.6 所示。

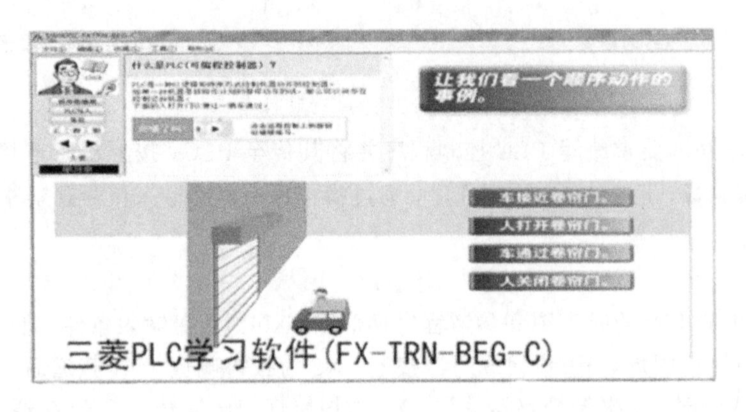

图 3.6 三菱 PLC 学习软件(FX-TRN-BEG-C)界面

三菱 PLC 学习软件(FX-TRN-BEG-C)官方版是一款由三菱公司推出的 PLC 学习助手。三菱 PLC 学习软件将虚拟舞台和专家操作指导合在一起，用户可以利用它学习通用梯形图逻辑编程。在使用三菱 PLC 学习软件(FX-TRN-BEG-C)时，用户还可控制一个实时制造单元，并对 PLC 进行仿真操作。

线上实验的操作步骤如下：

(1) 打开 Windows XP Mode 平台。

(2) 在菜单栏中选择“让我们学习基本的”中的“B-3 控制优先程序”。

(3) 单击“梯形图编辑”中的“输入梯形图”。

(4) 单击屏幕下面的 F5、F6 等，分别输入相关的符号。

(5) 每输入一条指令，单击“转换”一次。

(6) 单击“PLC 写入”。

(7) 单击开关，观察程序的执行情况以及灯的亮灭情况。

(8) 将结果保存并上传至学习软件。

2. 线下实验

进入实验室并按照下面的操作步骤完成实验：

(1) 编写 I/O 分配表，绘制 I/O 接线图，并按照接线图接线。

(2) 将编程电缆连接于 PC 和 PLC 之间，并确定 PC 的通信端口。

(3) 打开 PC 上的三菱 PLC 编程软件 GX Developer 8.0。

(4) 编辑实验内容里的梯形图。

(5) 在菜单栏中选择“在线”中的“传输设置”，然后选择“串行 USB”，并单击“通信测试”，如果测试不成功，则更改 COM 口，再测试，直到测试成功，最后单击“确认”(通常端口第一次设定好后不会改变)。

(6) 在菜单栏中选择“在线”中的“PLC写入”，勾选“选择所有”，单击“执行”，在弹出的对话框中一直单击“确认”，直到完成，最后单击“关闭”。

(7) 在菜单栏中选择“在线”中的“远程遥控”，再选择“run”。

(8) 按照顺序功能图调试程序，记录过程，按控制要求完成程序修改和调试。

(9) 在菜单栏中选择“在线”中的“监视”，然后选择“监视开始”。

(10) 程序调试完毕后，在菜单栏中选择“在线”中的“远程遥控”，然后选择“stop”。

(11) 关闭设备电源，关闭电脑。

五、实验报告要求

(1) 写出I/O分配表，画出I/O接线图、梯形图。

(2) 仔细观察实验现象，认真记录实验中发现的问题、错误、故障，并给出解决方法。

六、思考题

实验中的参考程序可运用在哪些控制系统中?

每课一星

“两弹一星”元勋彭桓武，物理学家，中国科学院院士。他长期从事理论物理的基础与应用研究，先后在中国开展了关于原子核、钢锭快速加热工艺、反应堆理论和工程设计以及临界安全等多方面的研究。他对中国原子能科学事业做了许多开创性的工作，对中国第一代原子弹和氢弹的研究和理论设计做出了重要贡献。

实验 3.2 十字路口交通信号灯的 PLC 控制

一、实验目的

(1) 掌握单序列与并行序列的 STL 指令编程方法及其特点，了解 PLC 在交通信号灯控制中的具体应用，完成程序设计。

(2) 掌握 PLC 的 I/O 接线与软硬件模拟仿真调试方法。

二、实验设备

(1) PLC 实验平台(FX_{3U}-48M)，1 台。

(2) PC(含编程软件 GX Developer 8.0)，1 台。

(3) 编程电缆+连接导线，若干。

三、实验原理

以 PLC 为核心的控制系统的设计方法如下：

(1) 细化控制要求，根据生产工艺流程明确设计任务要求，考虑工作模式、保护报警环节等。

(2) 提出控制方案，确定控制系统的工作原理与构成，选取合适的控制、驱动、执行方式。

(3) 硬件设计，包括 PLC 的 I/O 接线图和相关控制原理图、元器件计算选型和元器件明细表、I/O 分配表、操作台(面板)和安装布置、接线图等。

(4) 软件设计，将顺序控制设计法和经验设计法相结合，绘制出顺序功能图(SFC)和梯形图。

(5) 组态监控，运用组态软件制作监控界面，实现上位 PC 对 PLC 的实时监控。

(6) 仿真调试，应用全虚拟仿真软件或实验平台调试软硬件，验证设计的有效性。

四、实验内容

十字路口交通信号灯的时序图如图 3.7 所示(绿灯的闪烁周期为 0.1 s，闪烁 3 次)。

十字路口交通信号灯的 I/O 接线图如图 3.8 所示。

使用顺序控制设计法时，首先根据系统的工艺过程画出顺序功能图，然后根据顺序功能图画出梯形图。PLC 编程软件 GX Developer 8.0 为用户提供了顺序功能图语言，在 PLC 编程软件中生成顺序功能图后便完成了编程工作。

本实验要求选择单序列或并行序列方法画出顺序功能图，然后根据顺序功能图画出梯形图。单序列顺序功能图如图 3.9 所示。并行序列顺序功能图如图 3.10 所示。

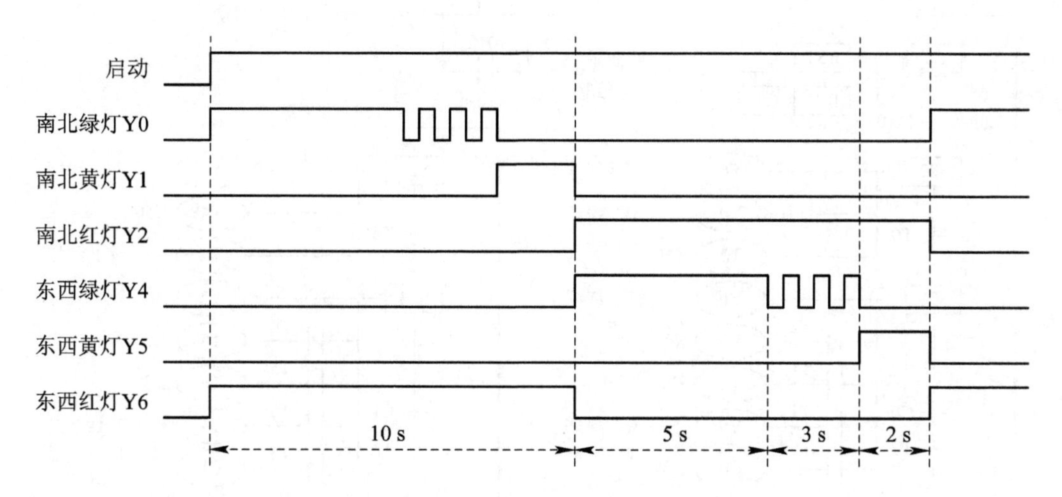

图 3.7　十字路口交通信号灯的时序图

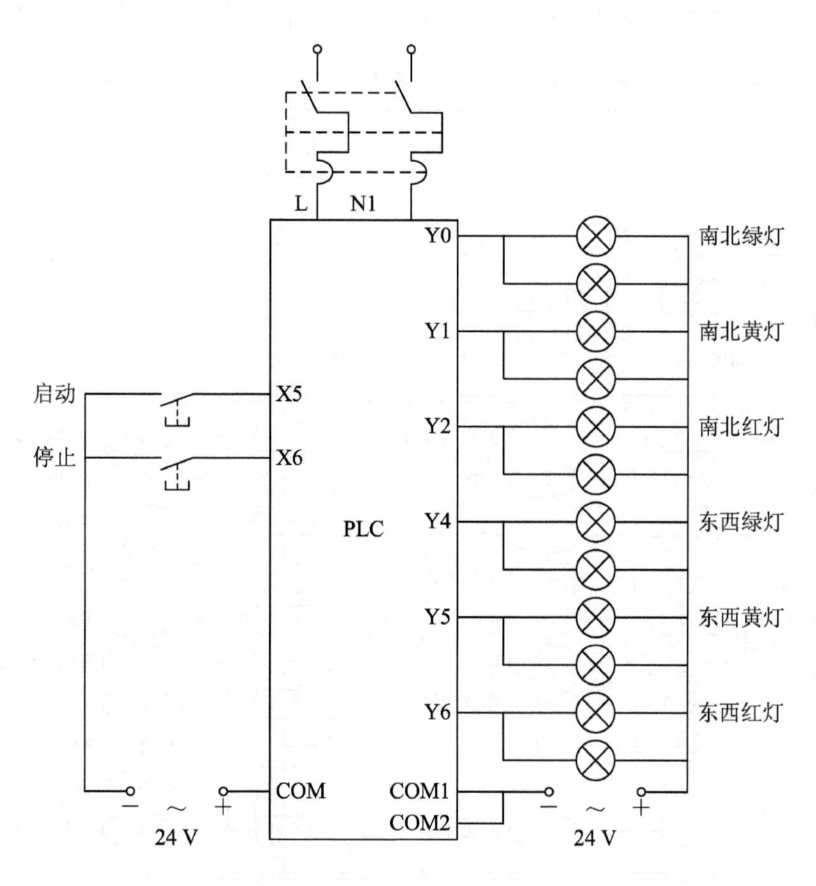

图 3.8　十字路口交通信号灯的 I/O 接线图

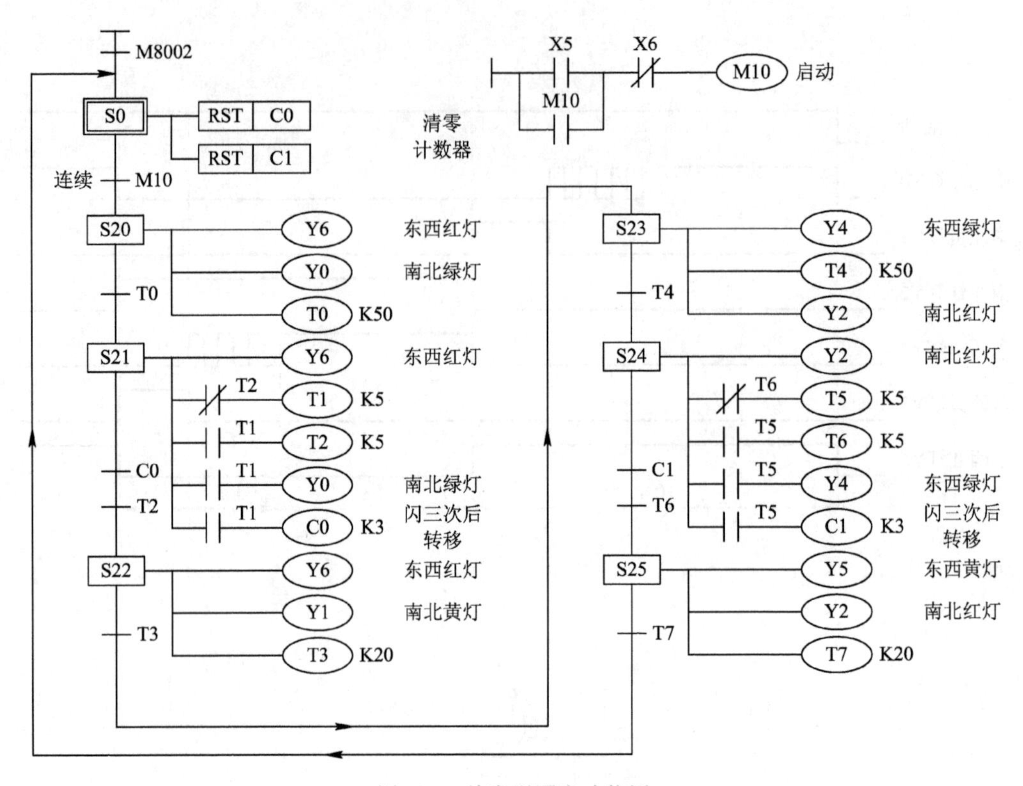

图 3.9 单序列顺序功能图

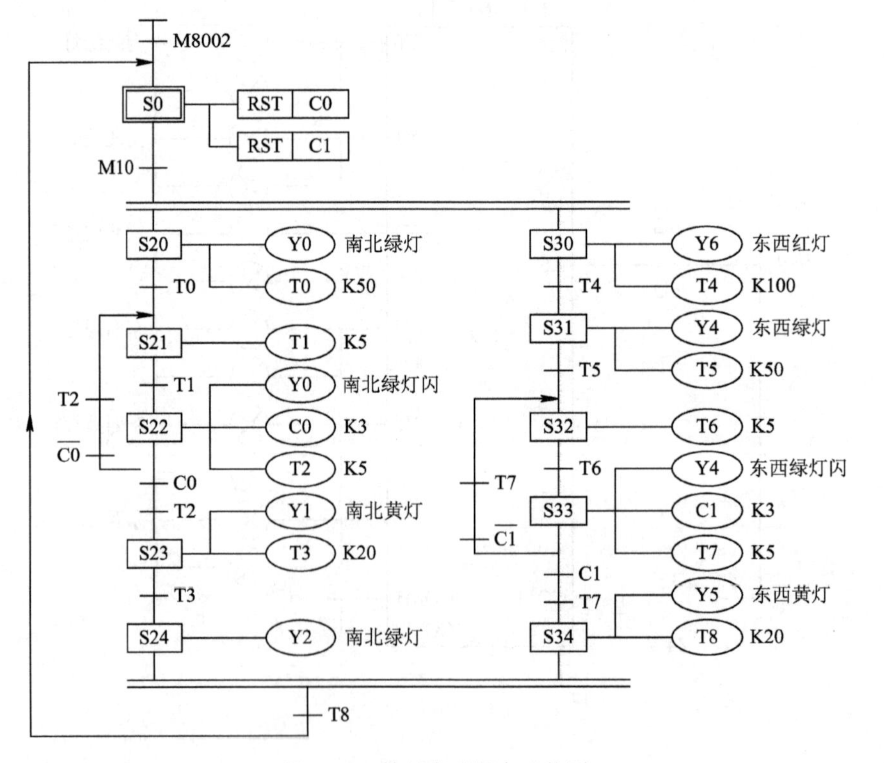

图 3.10 并行序列顺序功能图

五、实验步骤

1. 线上实验

课前，在线上用三菱PLC学习软件(FX-TRN-BEG-C)官方版调试程序。

线上实验的操作步骤如下：

(1) 打开Windows XP Mode平台。

(2) 在菜单栏中选择“让我们学习基本的”中的“B-3控制优先程序”。

(3) 单击“梯形图编辑”中的“输入梯形图”。

(4) 单击屏幕下面的F5、F6等，分别输入相关的符号。

(5) 每输入一条指令，单击“转换”一次。

(6) 单击“PLC写入”。

(7) 单击开关，观察程序的执行情况以及灯的亮灭情况。

(8) 将结果保存并上传至学习软件。

2. 线下实验

进入实验室并按照下面的操作步骤完成实验：

(1) 编写I/O分配表，绘制I/O接线图，并按照接线图接线。

(2) 将编程电缆连接于PC和PLC之间，并确定PC的通信端口。

(3) 打开PC上的三菱PLC编程软件GX Developer 8.0。

(4) 选择单序列或并行序列，画出梯形图。

(5) 在菜单栏中选择“在线”中的“传输设置”，然后选择“串行USB”，并单击“通信测试”，如果测试不成功，则更改COM口，再测试，直到测试成功，最后单击“确认”(通常端口第一次设定好后不会改变)。

(6) 在菜单栏中选择“在线”中的“PLC写入”，勾选“选择所有”，单击“执行”，在弹出的对话框中一直单击“确认”，直到完成，最后单击“关闭”。

(7) 在菜单栏中选择“在线”中的“远程遥控”，再选择“run”。

(8) 按照顺序功能图调试程序，记录过程，按控制要求完成程序修改和调试。

(9) 在菜单栏中选择“在线”中的“监视”，然后选择“监视开始”。

(10) 程序调试完毕后，在菜单栏中选择“在线”中的“远程遥控”，然后选择“stop”。

(11) 关闭设备电源，关闭电脑。

六、实验报告要求

(1) 说明十字路口交通信号灯的控制要求。

(2) 写出I/O分配表并画出I/O接线图。

(3) 画出顺序功能图并写出STL梯形图程序。

(4) 总结利用单序列与并行序列的STL指令编制顺序控制程序的特点。

七、思考题

（1）仿真调试的方法、过程及调试结果（要有调试的截屏图片）是否满足控制要求？

（2）单序列与并行序列的 STL 指令编程方法的特点分别是什么？

每课一星

“两弹一星”元勋王淦昌，中国著名的核物理学家，也是中国惯性约束核聚变研究的奠基人之一。他曾任中国原子能科学研究院院长和九三学社中央名誉主席，参与了中国的“两弹一星”工程，是中国核武器研制的主要科学技术领导人之一。他在核物理、宇宙射线和基本粒子物理等领域都有杰出贡献。

实验3.3 机械手的PLC自动控制

一、实验目的

(1) 掌握置/复位法在机械手控制中的具体应用。

(2) 掌握PLC的I/O接线与软硬件模拟仿真调试方法。

二、实验设备

(1) PLC实验平台(FX_{3U}-48M)，1台。

(2) PC(含编程软件GX Developer 8.0)，1台。

(3) 编程电缆+连接导线，若干。

三、实验内容

根据控制要求画出顺序功能图和梯形图。机械手的工作示意图如图3.11所示。

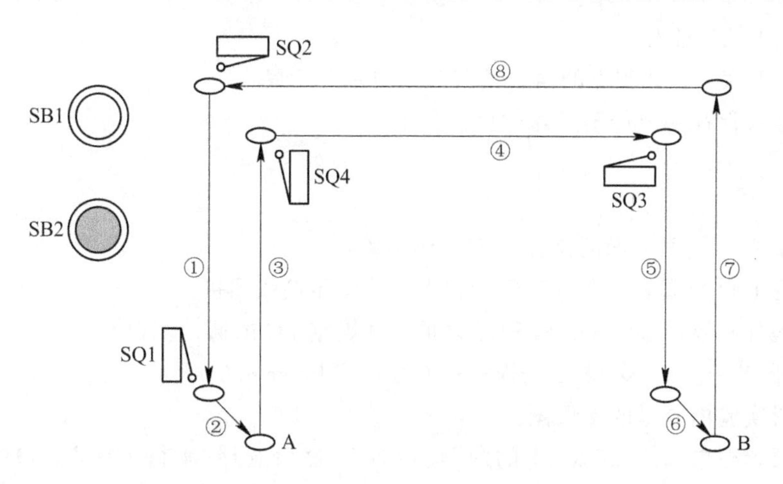

图3.11 机械手的工作示意图

开始时，机械手处于原始位置，停止按钮SB2处于断开状态。按下启动按钮SB1后，机械手的动作顺序为：

① 机械手下降，到下限位(压下下限开关SQ1)转入第②步；

② 延时2 s后，机械手夹紧，转入第③步；

③ 机械手上升，上升到上限位(压下上限开关SQ4)，转入第④步；

④ 机械手右移，右移到右限位(压下右限开关SQ3)，转入第⑤步；

⑤ 机械手下降，下降到下限位(压下下限开关SQ1)，转入第⑥步；

⑥ 延时2 s后，机械手放松，转入第⑦步；

⑦ 机械手上升，上升到上限位(压下上限开关SQ4)，转入第⑧步；

⑧ 机械手左移，左移到左限位(压下 SQ2)，回到原点，一个工作周期结束。

机械手的工作方式有手工和自动两种，其中自动工作方式又有单周期工作方式和连续工作方式。单周期工作方式：按下启动按钮后，从初始位置开始，机械手按规定完成一个周期的工作之后，返回并停留在初始位置。连续工作方式：在初始状态下按下启动按钮后，机械手从初始位置开始一个周期接一个周期地反复连续工作，按下停止按钮，机械手并不马上停止工作，完成最后一个工作周期的工作后，系统才返回并停留在初始位置。

四、实验步骤

1. 线上实验

课前，在线上用三菱 PLC 学习软件(FX-TRN-BEG-C)官方版调试程序。

线上实验的操作步骤如下：

(1) 打开 Windows XP Mode 平台。

(2) 在菜单栏中选择“让我们学习基本的”中的“B-3 控制优先程序”。

(3) 单击“梯形图编辑”中的“输入梯形图”。

(4) 单击屏幕下面的 F5、F6 等，分别输入相关的符号。

(5) 每输入一条指令，单击“转换”一次。

(6) 单击“PLC 写入”。

(7) 单击开关，观察程序的执行情况以及灯的亮灭情况。

(8) 将结果保存并上传至学习软件。

2. 线下实验

进入实验室并按照下面的操作步骤完成实验：

(1) 编写 I/O 分配表，绘制 I/O 接线图，并按照接线图接线。

(2) 将编程电缆连接于 PC 和 PLC 之间，并确定 PC 的通信端口。

(3) 打开 PC 上的三菱 PLC 编程软件 GX Developer 8.0。

(4) 编辑实验内容里的梯形图。

(5) 在菜单栏中选择“在线”中的“传输设置”，然后选择“串行 USB”，并单击“通信测试”，如果测试不成功，则更改 COM 口，再测试，直到测试成功，最后单击“确认”(通常端口第一次设定好后不会改变)。

(6) 在菜单栏中选择“在线”中的“PLC 写入”，勾选“选择所有”，单击“执行”，在弹出的对话框中一直单击“确认”，直到完成，最后单击“关闭”。

(7) 在菜单栏中选择“在线”中的“远程遥控”，再选择“run”。

(8) 按照顺序功能图调试程序，记录过程，按控制要求完成程序修改和调试。

(9) 在菜单栏中选择“在线”中的“监视”，然后选择“监视开始”。

(10) 程序调试完毕后，在菜单栏中选择“在线”中的“远程遥控”，然后选择“stop”。

(11) 关闭设备电源，关闭电脑。

五、实验报告要求

(1) 说明机械手工作的控制要求。

(2) 写出I/O分配表并画出I/O接线图。

(3) 画出顺序功能图，使用置/复位指令画出梯形图。

(4) 写出调试过程及调试方法。

六、思考题

如何将机械手的工作方式改为手动方式？试编写程序。

每 课 一 星

"两弹一星"元勋赵九章，中国地球物理学家和气象学家。他是中国气象科学从定性描述走向数值预报的先驱，是把数学、物理引入中国气象学的第一人。同时，他也是中国地球物理和空间物理的开拓者，人造卫星事业的倡导者、组织者和奠基人之一。

实验 3.4　多种液体自动混合的 PLC 控制

一、实验目的

(1) 结合多种液体自动混合系统，应用 PLC 技术对生产过程实施控制。

(2) 学会熟练使用 PLC 解决生产实际问题。

二、实验设备

(1) PLC 实验平台(FX_{3U}-48M)，1 台。

(2) PC(含编程软件 GX Developer 8.0)，1 台。

(3) 编程电缆＋连接导线，若干。

三、实验原理

1. 多种液体自动混合系统的初始状态

多种液体自动混合系统示意图如图 3.12 所示。在初始状态，容器为空，电磁阀 Y1、Y2、Y3、Y4 和搅拌电动机 M 以及电炉 R 均为 OFF，液面传感器 L1、L2、L3 和温度检测器 T 也均为 OFF。

2. 液体混合操作过程

按下启动按钮，电磁阀 Y1 开启(Y1 为 ON)，开始注入液体 A，当液面达到液面传感器 L3 的上限高度时(L3 为 ON)，电磁阀 Y1(Y1 为 OFF)关闭，液体 A 停止注入；同时，电磁阀 Y2 开启(Y2 为 ON)，开始注入液体 B，当液面升至液面传感器 L2 的上限高度时(L2 为 ON)，电磁阀 Y2(Y2 为 OFF)关闭，液体 B 停止注入；同时，电磁阀 Y3 开启(Y3 为 ON)，开始注入液体 C，当液面升至液面传感器 L1 的上限高度时(L1 为 ON)，电磁阀 Y3(Y3 为 OFF)关闭，液体 C 停止注入。开启搅拌电动机 M(Y5 为 ON)，搅拌 10 s 后停止搅拌(Y5 为 OFF)。在启动搅拌电动机 M 的同时启动电炉 R 加热(Y6 为 ON)，当温度(温度检测器 T 动作)达到设定值时停止加热(Y6 为 OFF)，并放出混合液体(Y4 为 ON)。当液面高度低于液面传感器 L3 的上限高度后，再经 5 s 延时，容器中的液体可以全部放完，电磁阀 Y4 关闭(Y4 为 OFF)，液体混合过程结束，系统自动进入下一个

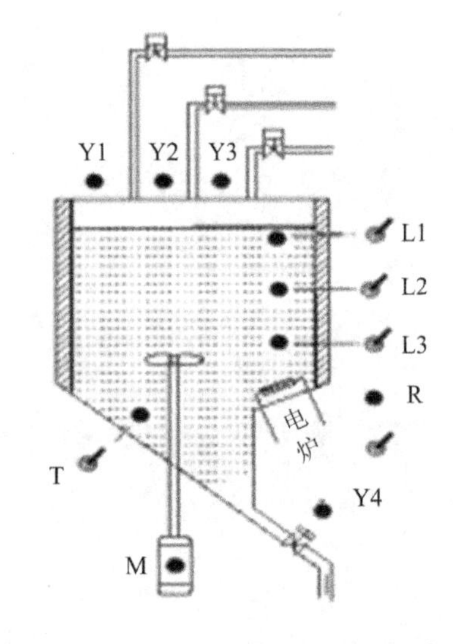

图 3.12　多种液体自动混合系统示意图

操作循环。按下停止按钮，液体混合操作停止。

四、实验内容

1. 线上实验

课前，在线上用三菱PLC学习软件(FX-TRN-BEG-C)官方版调试程序。

线上实验的操作步骤如下：

(1) 打开Windows XP Mode平台。

(2) 在菜单栏中选择“让我们学习基本的”中的“B-3控制优先程序”。

(3) 单击“梯形图编辑”中的“输入梯形图”。

(4) 单击屏幕下面的F5、F6等，分别输入相关的符号。

(5) 每输入一条指令，单击“转换”一次。

(6) 单击“PLC写入”。

(7) 单击开关，观察程序的执行情况以及灯的亮灭情况。

(8) 将结果保存并上传至学习软件。

2. 线下实验

进入实验室并按照下面的操作步骤完成实验：

(1) 编写I/O分配表，绘制I/O接线图，并按照接线图接线。

(2) 将编程电缆连接于PC和PLC之间，并确定PC的通信端口。

(3) 打开PC上的三菱PLC编程软件GX Developer 8.0。

(4) 编辑实验内容中的梯形图。

(5) 在菜单栏中选择“在线”中的“传输设置”，然后选择“串行USB”，并单击“通信测试”，如果测试不成功，则更改COM口，再测试，直到测试成功，最后单击“确认”(通常端口第一次设定好后不会改变)。

(6) 在菜单栏中选择“在线”中的“PLC写入”，勾选“选择所有”，单击“执行”，在弹出的对话框中一直单击“确认”，直到完成，最后单击“关闭”。

(7) 在菜单栏中选择“在线”中的“远程遥控”，再选择“run”。

(8) 按照顺序功能图调试程序，记录过程，按控制要求完成程序修改和调试。

(9) 在菜单栏中选择“在线”中的“监视”，然后选择“监视开始”。

(10) 程序调试完毕后，在菜单栏中选择“在线”中的“远程遥控”，然后选择“stop”。

(11) 关闭设备电源，关闭电脑。

五、实验报告要求

(1) 写出I/O分配表并画出I/O接线图。

(2) 画出顺序功能图。

(3) 写出调试过程及调试方法。

六、思考题

如果用经验法编写本实验中的程序，则应该如何编写程序？

每课一星

“两弹一星”元勋邓稼先，中国理论物理学家，核物理学家，中国科学院学部委员，第12届中共中央委员，九三学社中央委员。他为中国原子弹和氢弹的研制做出了杰出贡献，在其领导下，中国成功地进行了原子弹、氢弹试验，使中国成为继美国、苏联、英国、法国之后世界上第五个掌握核爆炸技术的国家。他曾两次荣获国家最高科学技术奖，并荣获多个国家和军队荣誉称号。

实验 3.5　加工中心数字化仿真系统设计

加工中心

一、实验目的

(1) 了解数字化产线和数字孪生的作用与意义。

(2) 掌握数字化产线的搭建方法与一般步骤。

(3) 掌握 PLC 顺序功能图、梯形图及系统监控界面的设计方法。

(4) 掌握实体 PLC/PLC 仿真器、数字化产线、虚拟触摸屏的通信组态与模拟仿真调试方法。

二、实验设备

(1) PLC 实验平台(FX_{3U}-48M)，1 台。

(2) PC(含 Works2 编程仿真软件＋PLC 仿真器＋数字化工厂软件＋虚拟触摸屏组态软件＋OPC 通信)，1 台。

(3) 编程电缆＋连接导线，若干。

三、实验原理

加工中心主要由输送皮带、机器人和数控机床组成，如图 3.13 所示。加工过程为进料→送料→上料→加工→下料→出料→取料。

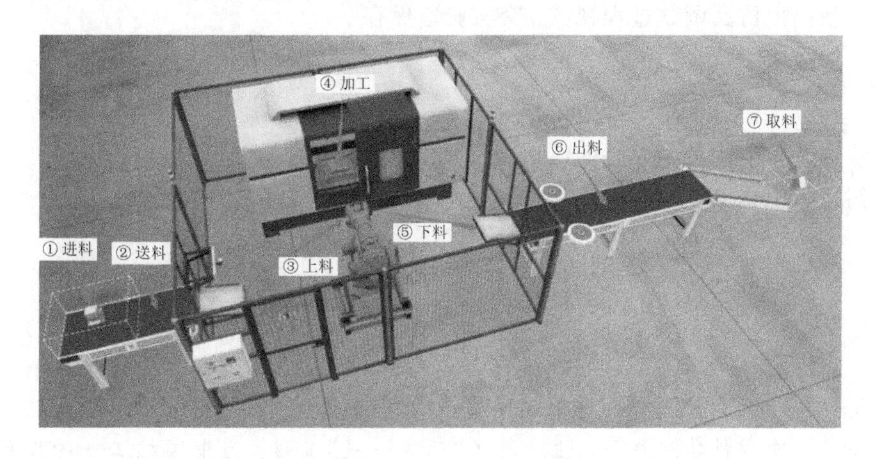

图 3.13　加工中心示意图

四、实验内容

(1) 搭建数字化加工中心，制定控制方案。

(2) 绘制顺序功能图。

(3) 设计 PLC 的 I/O 原理图，并编写 I/O 地址分配表。

(4) 编写梯形图程序。

(5) 扫描本实验旁的二维码，观看视频，参考视频资料设计监控界面。

(6) 完成实体 PLC+程序+界面+加工中心的全数字化调试。

(7) 完成 PLC 仿真器+程序+界面+加工中心的全数字化调试。

(8) 模拟仿真调试过程并录制视频。

五、实验步骤

(1) 安装并熟悉 Works2 编程仿真软件、PLC 仿真器、数字化工厂软件、虚拟触摸屏组态软件的操作和使用方法。

(2) 搭建数字化加工中心，并配置 I/O 驱动点。

(3) 根据控制要求绘制顺序功能图、编写梯形图程序。

(4) 设计监控界面。

(5) 建立数字化加工中心、PLC、虚拟触摸屏、编程软件之间的通信。

(6) 仿真调试和验证数字化加工中心的工作过程。

六、实验报告要求

(1) 说明数字化加工中心的组成、搭建及控制方案。

(2) 画出顺序功能图、I/O 原理图，编写 I/O 地址分配表、梯形图程序。

(3) 写出虚拟触摸屏监控界面的设计方法。

(4) 写出实体 PLC+程序+界面+加工中心的全数字化调试过程。

(5) 写出 PLC 仿真器+程序+界面+加工中心的全数字化调试过程。

(6) 录制模拟仿真调试过程视频，交实验室保存。

七、思考题

(1) 谈谈对数字化加工中心的认识。

(2) 简述数字化加工中心的实际意义。

每课一星

“两弹一星”元勋钱三强，核物理学家，“共和国勋章”获得者，中国原子能科学事业的创始人，中国科学院院士。他参与了“两弹一星”工程，为中国核工业的发展做出了巨大贡献。

实验 3.6　产品组装数字化仿真系统设计

产品组装数字化

一、实验目的

（1）了解数字化产线和数字孪生的作用与意义。

（2）掌握数字化产线的搭建方法与一般步骤。

（3）掌握 PLC 顺序功能图、梯形图及系统监控界面的设计方法。

（4）掌握实体 PLC/PLC 仿真器、数字化产线、虚拟触摸屏的通信组态与模拟仿真调试方法。

二、实验设备

（1）PLC 实验平台（FX_{3U}-48M），1 台。

（2）PC（含 Works2 编程仿真软件＋PLC 仿真器＋数字化工厂软件＋虚拟触摸屏组态软件＋OPC 通信），1 台。

（3）编程电缆＋连接导线，若干。

三、实验原理

产品组装系统主要由两轴机械手（1 个）、夹紧机械手（2 个）、皮带输送机构成，还包括传感器检测装置和一些辅助装置，如图 3.14 所示。

产品组装系统的工作流程如下：

（1）加工好的产品经过两边的皮带输送机输送到夹紧机械手处；

（2）经光电传感器检测到位后，皮带输送机停止，左右两个夹紧机械手分别对两个不同的产品进行夹紧，该夹紧动作是为了对产品进行定位；

（3）检测到夹紧到位后，夹紧机械手松开，两轴机械手动作并将左边的产品吸起来放到右边去组装。

图 3.14　产品组装系统示意图

四、实验内容

(1) 搭建数字化产品组装系统，制定控制方案。
(2) 绘制顺序功能图。
(3) 设计 PLC 的 I/O 原理图，并编写 I/O 地址分配表。
(4) 编写梯形图程序。
(5) 扫描本实验旁的二维码，观看视频，参考视频资料设计监控界面。
(6) 完成实体 PLC+程序+界面+产品组装系统的全数字化调试。
(7) 完成 PLC 仿真器+程序+界面+产品组装系统的全数字化调试。
(8) 模拟仿真调试过程并录制视频。

五、实验步骤

(1) 安装并熟悉 Works2 编程仿真软件、PLC 仿真器、数字化工厂软件、虚拟触摸屏组态软件的操作和使用方法。
(2) 搭建数字化产品组装系统，并配置 I/O 驱动点。
(3) 根据控制要求绘制顺序功能图、编写梯形图程序。
(4) 设计监控界面。
(5) 建立数字化产品组装系统、PLC、虚拟触摸屏、编程软件之间的通信。
(6) 仿真调试和验证数字化产品组装系统的工作过程。

六、实验报告要求

(1) 说明数字化产品组装系统的组成、搭建及控制方案。
(2) 画出顺序功能图、I/O 原理图，编写 I/O 地址分配表、梯形图程序。
(3) 写出虚拟触摸屏监控界面的设计方法。
(4) 写出实体 PLC+程序+界面+产品组装系统的全数字化调试过程。
(5) 写出 PLC 仿真器+程序+界面+产品组装系统的全数字化调试过程。
(6) 录制模拟仿真调试过程视频，交实验室保存。

七、思考题

(1) 谈谈对数字化产品组装系统的认识。
(2) 简述数字化产品组装系统的实际意义。

每课一星

“两弹一星”元勋王希季，中国航天科技事业奠基人之一，中国空间技术研究院资深顾问，中国科学院院士。王希季是中国高性能液体火箭发动机、导弹和运载火箭的奠基人之一。他创造性地将探空火箭技术和导弹技术结合起来，提出了我国第一枚卫星运载火箭的技术方案，并主持长征一号运载火箭和核试验取样系列火箭的研制工作。此外，他还参与了我国第一颗卫星东方红一号的研制工作，并担任返回式卫星的总设计师。

实验 3.7 产品包装数字化仿真系统设计

产品包装数字化

一、实验目的

(1) 了解数字化产线和数字孪生的作用与意义。

(2) 掌握数字化产线的搭建方法与一般步骤。

(3) 掌握 PLC 顺序功能图、梯形图及系统监控界面的设计方法。

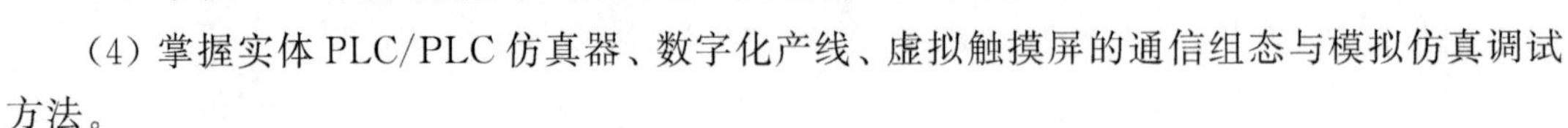

(4) 掌握实体 PLC/PLC 仿真器、数字化产线、虚拟触摸屏的通信组态与模拟仿真调试方法。

二、实验设备

(1) PLC 实验平台(FX_{3U}-48M)，1 台。

(2) PC(含 Works2 编程仿真软件＋PLC 仿真器＋数字化工厂软件＋虚拟触摸屏组态软件＋OPC 通信)，1 台。

(3) 编程电缆＋连接导线，若干。

三、实验原理

产品包装系统主要由龙门式三轴机械手、自动包装盒发射器、皮带输送机、滚筒输送机和夹紧机械手构成，还包括传感器检测装置和一些辅助装置，如图 3.15 所示。

图 3.15 产品包装系统示意图

产品包装系统的工作流程如下：

(1) 装配完成的产品经过皮带输送机输送到龙门式三轴机械手下方的夹紧机械手处；

(2) 传感器检测到位后，皮带输送机停止，夹紧机械手对产品进行夹紧定位；

(3) 检测到夹紧到位后，夹紧机械手松开，包装盒发射器产生包装盒，经过滚筒输送机输送到指定位置，滚筒输送机停止；

(4) 龙门式三轴机械手动作，将装配好的产品放到包装盒中并输送到下一站。

四、实验内容

(1) 搭建数字化产品包装系统，制定控制方案。

(2) 绘制顺序功能图。

(3) 设计 PLC 的 I/O 原理图，并编写 I/O 地址分配表。

(4) 编写梯形图程序。

(5) 扫描本实验旁的二维码，观看视频，参考视频资料设计监控界面。

(6) 完成实体 PLC＋程序＋界面＋产品包装系统的全数字化调试。

(7) 完成 PLC 仿真器＋程序＋界面＋产品包装系统的全数字化调试。

(8) 模拟仿真调试过程并录制视频。

五、实验步骤

(1) 安装并熟悉 Works2 编程仿真软件、PLC 仿真器、数字化工厂软件、虚拟触摸屏组态软件的操作和使用方法。

(2) 搭建数字化产品包装系统，并配置 I/O 驱动点。

(3) 根据控制要求绘制顺序功能图、编写梯形图程序。

(4) 设计监控界面。

(5) 建立数字化产品包装系统、PLC、虚拟触摸屏、编程软件之间的通信。

(6) 仿真调试和验证数字化产品包装系统的工作过程。

六、实验报告要求

(1) 说明数字化产品包装系统的组成、搭建及控制方案。

(2) 画出顺序功能图、I/O 原理图，编写 I/O 地址分配表、梯形图程序。

(3) 写出虚拟触摸屏监控界面的设计方法。

(4) 写出实体 PLC＋程序＋界面＋产品包装系统的全数字化调试过程。

(5) 写出 PLC 仿真器＋程序＋界面＋产品包装系统的全数字化调试过程。

(6) 录制模拟仿真调试过程视频，交实验室保存。

七、思考题

(1) 谈谈对数字化产品包装系统的认识。

(2) 简述数字化产品包装系统的实际意义。

每课一星

艾爱国，中国焊接领域的领军人物，工匠精神的杰出代表。2021 年 6 月 29 日，他被授予“七一勋章”。秉持“做事情要做到极致、做工人要做到最好”的信念，艾爱国在焊工岗位奉献 50 多年，集丰厚的理论素养、实际经验和操作技能于一身，多次参与我国重大项目焊接技术攻关，攻克数百个焊接技术难关。

实验 3.8　产品仓储数字化仿真系统设计

仓储

一、实验目的

(1) 了解数字化产线和数字孪生的作用与意义。

(2) 掌握数字化产线的搭建方法与一般步骤。

(3) 掌握PLC顺序功能图、梯形图及系统监控界面的设计方法。

(4) 掌握实体PLC/PLC仿真器、数字化产线、虚拟触摸屏的通信组态与模拟仿真调试方法。

二、实验设备

(1) PLC实验平台(FX_{3U}-48M)，1台。

(2) PC(含Works2编程仿真软件＋PLC仿真器＋数字化工厂软件＋虚拟触摸屏组态软件＋OPC通信)，1台。

(3) 编程电缆＋连接导线，若干。

三、实验原理

产品仓储系统主要由滚筒输送机、堆垛起重机和机架构成，还包括传感器检测装置和一些辅助装置，如图3.16所示。

产品仓储系统的工作流程如下：

(1) 包装好的产品经过滚筒输送机输送到堆垛起重机指定取料处。

(2) 传感器检测到位后，堆垛起重机将包装好的产品按照一定的顺序存放在产品仓储机架中。

图3.16　产品仓储系统示意图

四、实验内容

(1) 搭建数字化产品仓储系统，制定控制方案。
(2) 绘制顺序功能图。
(3) 设计 PLC 的 I/O 原理图，并编写 I/O 地址分配表。
(4) 编写梯形图程序。
(5) 扫描本实验旁的二维码，观看视频，参考视频资料设计监控界面。
(6) 完成实体 PLC+程序+界面+产品仓储系统的全数字化调试。
(7) 完成 PLC 仿真器+程序+界面+产品仓储系统的全数字化调试。
(8) 模拟仿真调试过程并录制视频。

五、实验步骤

(1) 安装并熟悉 Works2 编程仿真软件、PLC 仿真器、数字化工厂软件、虚拟触摸屏组态软件的操作和使用方法。
(2) 搭建数字化产品仓储系统，并配置 I/O 驱动点。
(3) 根据控制要求绘制顺序功能图、编写梯形图程序。
(4) 设计监控界面。
(5) 建立数字化产品仓储系统、PLC、虚拟触摸屏、编程软件之间的通信。
(6) 仿真调试和验证数字化产品仓储系统的工作过程。

六、实验报告要求

(1) 说明数字化产品仓储系统的组成、搭建及控制方案。
(2) 画出顺序功能图、I/O 原理图，编写 I/O 地址分配表、梯形图程序。
(3) 写出虚拟触摸屏监控界面的设计方法。
(4) 写出实体 PLC+程序+界面+产品仓储系统的全数字化调试过程。
(5) 写出 PLC 仿真器+程序+界面+产品仓储系统的全数字化调试过程。
(6) 录制模拟仿真调试过程视频，交实验室保存。

七、思考题

(1) 谈谈对数字化产品仓储系统的认识。
(2) 简述数字化产品仓储系统的实际意义。

每 课 一 星

吴孟超，福建闽清人，著名肝胆外科专家，中国科学院院士，中国肝脏外科的开拓者和主要创始人之一，李庄同济医院终身名誉院长，被誉为“中国肝胆外科之父”和有可能获得诺贝尔生理学或医学奖的中国学者之一。

实验3.9　基于重量分类的数字化仿真系统设计

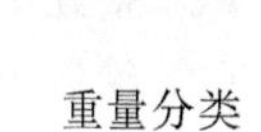
重量分类

一、实验目的

(1) 了解数字化产线和数字孪生的作用与意义。

(2) 掌握数字化产线的搭建方法与一般步骤。

(3) 掌握PLC顺序功能图、梯形图及系统监控界面的设计方法。

(4) 掌握实体PLC/PLC仿真器、数字化产线、虚拟触摸屏的通信组态与模拟仿真调试方法。

二、实验设备

(1) PLC实验平台(FX_{3U}-48M)，1台。

(2) PC(含Works2编程仿真软件＋PLC仿真器＋数字化工厂软件＋虚拟触摸屏组态软件＋OPC通信)，1台。

(3) 编程电缆＋连接导线，若干。

三、实验原理

按重量分类系统主要由皮带输送机、称重带和转向轮阵列构成，如图3.17所示。

图3.17　按重量分类系统示意图

按重量分类系统的工作流程如下：

(1) 产品经过皮带输送机输送到称重带称量。

(2) 转向轮阵列按产品轻、中、重三个等级调整转向轮，相应由左、中、右皮带输送，完成分类。

四、实验内容

(1) 搭建数字化按重量分类系统，制定控制方案。

(2) 绘制顺序功能图。

(3) 设计 PLC 的 I/O 原理图，并编写 I/O 地址分配表。

(4) 编写梯形图程序。

(5) 扫描实验旁的二维码，观看视频，参考视频资料设计监控界面。

(6) 完成实体 PLC＋程序＋界面＋按重量分类系统的全数字化调试。

(7) 完成 PLC 仿真器＋程序＋界面＋按重量分类系统的全数字化调试。

(8) 模拟仿真调试过程并录制视频。

五、实验步骤

(1) 安装并熟悉 Works2 编程仿真软件、PLC 仿真器、数字化工厂软件、虚拟触摸屏组态软件的操作和使用方法。

(2) 搭建数字化按重量分类系统，并配置 I/O 驱动点。

(3) 根据控制要求绘制顺序功能图、编写梯形图程序。

(4) 设计监控界面。

(5) 建立数字化按重量分类系统、PLC、虚拟触摸屏、编程软件之间的通信。

(6) 仿真调试和验证数字化按重量分类系统。

六、实验报告要求

(1) 说明数字化按重量分类系统的组成、搭建及控制方案。

(2) 画出顺序功能图、I/O 原理图，编写 I/O 地址分配表、梯形图程序。

(3) 写出虚拟触摸屏监控界面的设计方法。

(4) 写出实体 PLC＋程序＋界面＋按重量分类系统的全数字化调试过程。

(5) 写出 PLC 仿真器＋程序＋界面＋按重量分类系统的全数字化调试过程。

(6) 录制模拟仿真调试过程视频，交实验室保存。

七、思考题

(1) 谈谈对数字化按重量分类系统的认识。

(2) 简述数字化按重量分类系统的实际意义。

每课一星

黄大年，国际知名战略科学家，中国著名的地球物理学家。他曾任吉林大学新兴交叉学科学部首任部长，地球探测科学与技术学院教授、博士生导师。2018年3月，黄大年当选感动中国2017年度人物。2018年4月，他与厉声教等一同被评为2017年逝世的十位国家脊梁。2019年9月，他获“最美奋斗者”个人称号。

实验 3.10　基于图像分拣的数字化仿真系统设计

图像分拣

一、实验目的

(1) 了解数字化产线和数字孪生的作用与意义。

(2) 掌握数字化产线的搭建方法与一般步骤。

(3) 掌握 PLC 顺序功能图、梯形图及系统监控界面设计。

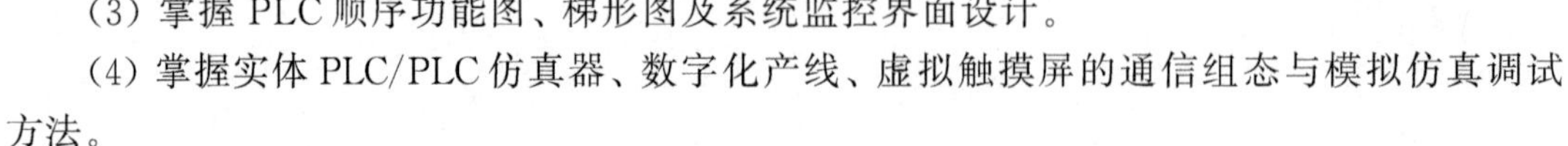

(4) 掌握实体 PLC/PLC 仿真器、数字化产线、虚拟触摸屏的通信组态与模拟仿真调试方法。

二、实验设备

(1) PLC 实验平台(FX_{3U}-48M)，1 台。

(2) PC(含 Works2 编程仿真软件＋PLC 仿真器＋数字化工厂软件＋虚拟触摸屏组态软件＋OPC 通信)，1 台。

(3) 编程电缆＋连接导线，若干。

三、实验原理

图像分拣系统主要由皮带输送机、图像传感器构成，如图 3.18 所示。该系统的工作流程是：

(1) 产品经过皮带输送机输送到图像传感器下方。

(2) 图像传感器根据产品的三种不同形状进行分拣。

图 3.18　图像分拣系统示意图

四、实验内容

(1) 搭建数字化图像分拣系统，制定控制方案。

(2) 绘制顺序功能图。

(3) 设计 PLC 的 I/O 原理图，并编写 I/O 地址分配表。

(4) 编写梯形图程序。

(5) 扫描实验旁的二维码，观看视频，参考视频资料设计监控界面。

(6) 完成实体 PLC＋程序＋界面＋图像分拣系统的全数字化调试。

(7) 完成 PLC 仿真器＋程序＋界面＋图像分拣系统的全数字化调试。

(8) 模拟仿真调试过程并录制视频。

五、实验步骤

(1) 安装并熟悉 Works2 编程仿真软件、PLC 仿真器、数字化工厂软件、虚拟触摸屏组态软件的操作和使用方法。

(2) 搭建数字化图像分拣系统，并配置 I/O 驱动点。

(3) 根据控制要求绘制顺序功能图、编写梯形图程序。

(4) 设计监控界面。

(5) 建立数字化图像分拣系统、PLC、虚拟触摸屏、编程软件之间的通信。

(6) 仿真调试和验证数字化图像分拣系统的工作过程。

六、实验报告要求

(1) 说明数字化图像分拣系统的组成、搭建及控制方案。

(2) 画出顺序功能图、I/O 原理图，编写 I/O 地址分配表、梯形图程序。

(3) 写出虚拟触摸屏监控界面的设计方法。

(4) 写出实体 PLC＋程序＋界面＋图像分拣系统的全数字化调试过程。

(5) 写出 PLC 仿真器＋程序＋界面＋图像分拣系统的全数字化调试过程。

(6) 录制模拟仿真调试过程视频，交实验室保存。

七、思考题

(1) 谈谈对数字化图像分拣系统的认识。

(2) 简述数字化图像分拣系统的实际意义。

每课一星

南仁东，中国天文学家，中国科学院国家天文台研究员，人民科学家。他曾任国家重大科技基础设施 500 米口径球面射电望远镜(FAST)工程首席科学家兼总工程师，其主要研究领域为射电天体物理和射电天文技术与方法，负责国家重大科技基础设施 500 米口径球面射电望远镜(FAST)的科学技术工作。2017 年 5 月，南仁东获得全国创新争先奖；2017 年 7 月，入选为 2017 年中国科学院院士增选初步候选人。

第4章　机电传动与控制实验

“机电传动与控制”课程是机械电子工程专业的一门重要的专业学科基础课，是以电动机技术、电子技术、计算机技术、自动控制技术为基础的综合学科，其主要内容包括电动机(结构、工作原理、机械特性)、控制器(PLC、计算机、单片机、控制单元等)、机电传动与控制技术(机电系统分类(按电动机分类)、工作原理、系统分析、动力学计算)三个模块。

“机电传动与控制”课程的能力培养要求如下：

(1) 了解机电系统的组成、分类，熟悉常用机电设备的应用、调试和维护，并具备运用所学理论知识解决实际工程问题的能力。

(2) 掌握电机学的基本理论知识，熟悉机电控制系统的组成、工作原理及特性，具备设计机电控制系统的能力。

(3) 掌握电力电子技术的相关知识，具备计算机电传动系统相关参数的能力。

(4) 具备设计和分析简单的开环系统、一般闭环系统的能力。

“机电传动与控制实验”课程是一门设计性实验课程。通过实验，学生可以了解机电传动控制的一般知识，掌握电动机、继电器、接触器、断路器等的工作原理、特性、应用方法，掌握常用的机电传动控制系统的工作原理、特点、性能及应用，了解前沿的控制技术应用。

实验 4.1　PLC 控制三相异步电动机正反转实验

一、实验目的

(1) 学习和掌握 PLC 控制三相异步电动机正反转的硬件电路设计方法。
(2) 学习和掌握 PLC 控制三相异步电动机正反转的程序设计方法。
(3) 学习和掌握 PLC 控制系统的现场接线与软硬件调试方法。

二、实验设备

(1) PLC 实验平台(FX_{3U}-48M)，1 台。
(2) PC(含编程软件 GX Developer 8.0)，1 台。
(3) 编程电缆＋连接导线，若干。
(4) 三相异步电动机，1 台。
(5) 断路器(QF1、QF5)，2 个。
(6) 接触器(KM5、KM6)，2 个。
(7) 继电器(KA4、KA5、KA6)，3 个。
(8) 按钮，3 个。

三、实验原理

当三相异步电动机的三相定子绕组通入三相交流电后，产生一个旋转磁场，该旋转磁场切割转子绕组，在转子绕组中产生感应电流和电磁力。在感应电流和电磁力的共同作用下，转子随着旋转磁场的旋转方向转动。因此，转子的旋转方向是通过改变旋转磁场的旋转方向来实现的，而旋转磁场的旋转方向是通过改变三相定子绕组任意两相的电源相序来实现的。

PLC 控制三相异步电动机正反转的实验电路如图 4.1 所示。其中图 4.1(a)为利用 PLC 对三相异步电动机进行正反转控制的主回路。由图可知，如果接触器 KM5 的主触头闭合时电动机正转，那么接触器 KM6 的主触头闭合时电动机反转。但接触器 KM5 和 KM6 的主触头不能同时闭合，否则电源短路。图 4.1(b)为利用 PLC 对三相异步电动机进行正反转控制的控制回路。由图可知，“正向”按钮接 PLC 的输入口 X0，“反向”按钮接 PLC 的输入口 X1，“停止”按钮接 PLC 的输入口 X2；继电器 KA4、KA5 分别接 PLC 的输出口 Y13、Y14，KA4、KA5 的触头又分别控制接触器 KM5 和 KM6 的线圈。

图 4.1 所示电路的基本工作原理为：首先合上断路器 QF1、QF5，给电路供电。当按下“正向”按钮时，控制程序要使 Y13 为 1，继电器 KA4 的线圈得电，其常开触点闭合，接触器 KM5 的线圈得电，其主触头闭合，电动机正转；当按下“反向”按钮时，控制程序要使 Y14 为 1，继电器 KA5 的线圈得电，其常开触点闭合，接触器 KM6 的线圈得电，其主触头闭合，电动机反转。

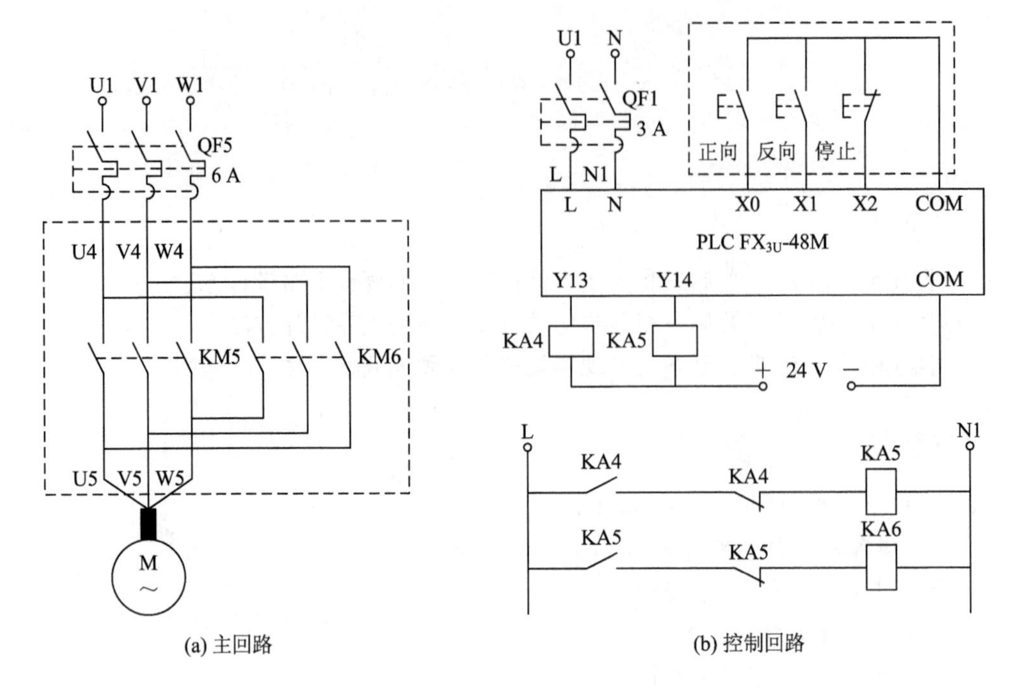

(a) 主回路

(b) 控制回路

图 4.1 PLC 控制三相异步电动机正反转实验电图

四、实验步骤

(1) 断开断路器 QF1、QF5，按图 4.1 所示的实验电路图接线(虚线框外的连线已接好)。

(2) 将编程电缆连接于 PC 和 PLC 之间，并确定 PC 的通信端口。

(3) 经老师检查合格后合上断路器 QF1、QF5。

(4) 打开 PC 上的三菱 PLC 编程软件 GX Developer 8.0。

(5) 输入编写好的 PLC 控制程序并将程序传至 PLC。

(6) 在菜单栏中选择“在线”中的“传输设置”，然后选择“串行 USB”，并单击“通信测试”，如果测试不成功，则更改 COM 口，再测试，直到测试成功，最后单击“确认”(通常端口第一次设定好后不会改变)。

(7) 在菜单栏中选择“在线”中的“PLC 写入”，勾选“选择所有”，单击“执行”，在弹出的对话框中一直单击“确认”，直到完成，最后单击“关闭”。

(8) 在菜单栏中选择“在线”中的“远程遥控”，再选择“run”，按下控制面板上的相应按钮，实现电动机的正反转控制。

(9) 在菜单栏中选择“在线”中的“监视”，然后选择“监视开始”，在 PC 上对运行状况进行监控，同时观察继电器 KA4、KA5、KA6 和接触器 KM5、KM6 的动作以及主轴的旋转方向，调试并修改程序直至正确。

(10) 重复步骤(4)、(5)、(6)、(7)、(8)，调试其他实验程序。

(11) 程序调试完毕后，在菜单栏中选择“在线”中的“远程遥控”，然后选择“stop”。

(12) 关闭设备电源，关闭计算机，拔除电线。

五、实验说明及注意事项

(1) 本实验中，继电器KA4、KA5、KA6的线圈控制电压为24V(DC)；接触器KM5、KM6的线圈控制电压为220V(AC)。

(2) 三相异步电动机的正、反转控制是通过正、反向接触器KM5、KM6改变定子绕组的相序来实现的。其中一个很重要的问题就是必须保证任何时候、任何条件下，正、反向接触器KM5、KM6都不能同时接通，否则会造成电源相间瞬时短路。为此，在梯形图中应采用正反转互锁，以保证系统工作安全可靠。

(3) 接线和拔线时，请务必断开断路器QF5。

(4) 断路器QF5合上后，请不要用手触摸接线端子。

(5) 当导线一端接入交流电源、交流电动机、KM5、KM6的接线端子上，另一端放在操作台上时，不能合上断路器QF5。

(6) 通电实验时，请不要用手触摸主轴。

(7) 不可将PLC的输出端口和公共端之间直接接电源，否则会烧坏PLC的输出端口。

六、实验前的准备

(1) 熟悉三菱PLC编程软件GX Developer 8.0的使用方法以及调试监控方法。

(2) 根据实验电路，按下面要求编写实验程序(梯形图程序、指令代码均可)：

① 无论主轴处于何种状态(正转、反转或停止)，按“正向”按钮，主轴正转，按“反向”按钮，主轴反转。但主轴由正转变反转或由反转变正转时必须先停止。

② 改变“正向”按钮、“反向”按钮、“停止”按钮与PLC输入接口的连接时，相应的程序也会改变。

七、实验报告要求

画出调试好的程序梯形图，写出指令代码，分析实验结果。

八、思考题

(1) 试比较继电器和接触器的结构及工作原理的异同点。

(2) 本实验中继电器的线圈控制电压和接触器的线圈控制电压分别是多少？

每课一星

“两弹一星”元勋钱骥，地球物理与空间物理学家，气象学家，航天专家。他是中国科学院“651”人造卫星设计院技术负责人，是中国人造卫星事业的先驱和奠基人。

实验4.2　PLC控制三相异步电动机调速实验

一、实验目的

(1) 掌握变频器的操作及控制方法。
(2) 深入了解三相异步电动机变频调速的性能。
(3) 学习PLC控制系统的硬件电路设计、程序设计及调试方法。

二、实验设备

(1) PLC实验平台(FX_{3U}-48M)，1台。
(2) PC(含编程软件GX Developer 8.0)，1台。
(3) 编程电缆+连接导线，若干。
(4) 三相异步电动机，1台。
(5) 变频器，1台。
(6) 断路器(QF1、QF4)，2个。
(7) 继电器(KA3)，1个。
(8) 接触器(KM4)，1个。
(9) 按钮，6个。

三、实验原理

当改变三相异步电动机定子绕组上电压的频率时，可以改变转子的旋转速度。当改变频率的同时改变电压的大小，使电压与频率的比值等于常数时，可保证电动机的输出转矩不变。

变频器是专用于三相异步电动机调频调速的控制装置。它的输入为单相交流电压(控制750 W及以下的小功率电动机)或三相交流电压(控制750 W以上的大功率电动机)，输出为幅值和频率均可调的三相交流电压。

四、实验步骤

(1) 断开断路器QF1、QF4，按图4.2所示的实验电路图接线(虚线框外的连线已接好)。
(2) 经老师检查合格后合上断路器QF1和QF4，输入PLC程序并运行。
(3) 执行“在线”中的“监视/监视模式”，PLC进入监控状态。
(4) 按下“启动”按钮，变频器通电。
(5) 按下“正向”按钮，信号由PLC的输出口Y3输出，电动机正转。
(6) 调节电位器的旋钮，使变频器的显示频率为10 Hz。
(7) 按下“复位”按钮，待计数器C240的计数值稳定后读取数据寄存器D0的值并记录于表4.1中。

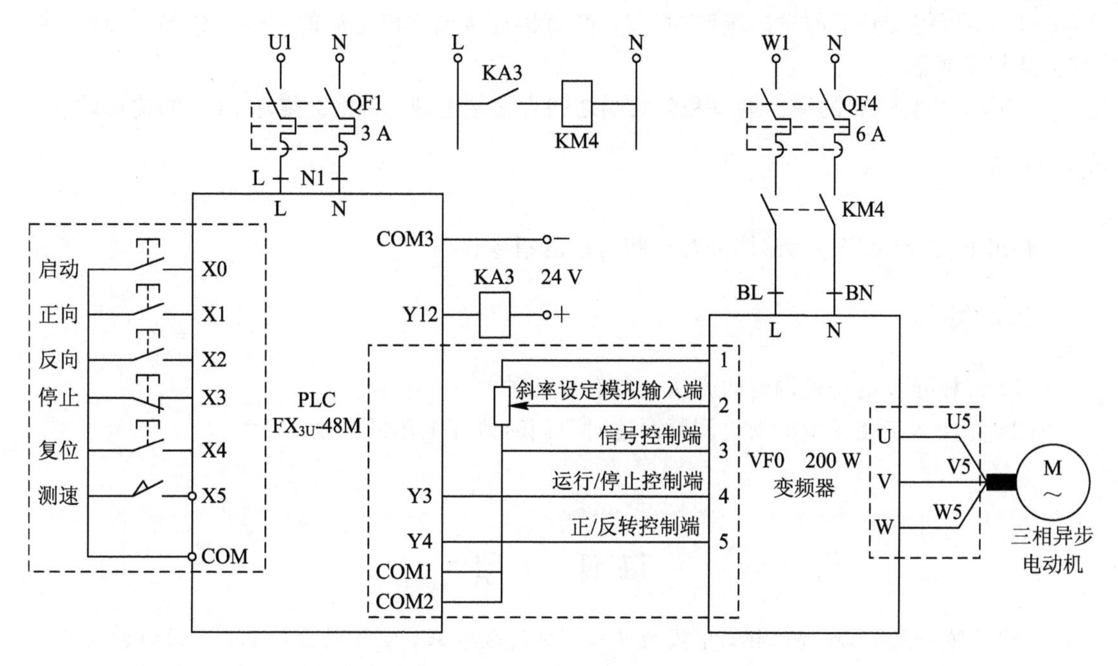

图 4.2 PLC 控制三相异步电动机调速实验电路图

表 4.1 实验记录表

显示频率/Hz	速度/(r/min)	
	正转	反转
10		
15		
20		
25		
30		
35		
40		

(8) 调节电位器的旋钮，使变频器的显示频率分别为表 4.1 中的数据，重复步骤(7)。

(9) 按下“反向”按钮，信号由 PLC 的输出口 Y4 输出，电动机反转，重复步骤(6)、(7)、(8)。

(10) 按下“停止”按钮，电动机停转。

(11) 断开电源。

五、实验说明及注意事项

(1) 本实验中电动机的工作电压为 380 V(AC)，请注意安全。

(2) 编写 PLC 程序时要保证 Y3、Y4 互锁。

(3) 不可将变频器的输出端口 U、V、W 直接连接到交流电源的 U4、V4、W4 端口，否则会烧坏变频器。

(4) 不可将 PLC 的输出端口和公共端之间直接接电源，否则会烧坏 PLC 的输出端口。

六、实验报告要求

画出 PLC 控制程序梯形图并写出相对应的指令代码。

七、思考题

(1) 三相异步电动机调速的方法主要有哪几种？

(2) 为什么三相异步电动机调频调速时要同时改变电压的大小？

每课一星

“两弹一星”元勋郭永怀，中国力学家，应用数学家，空气动力学家，中国科学院院士。他长期从事航空工程研究，发现了上临界马赫数，发展了奇异摄动理论中的变形坐标法，即国际上公认的 PLK 方法，倡导了中国高速空气动力学、电磁流体力学、爆炸力学的研究，培养了优秀力学人才。他担负了国防科学研究的业务领导工作，为发展中国导弹、核弹与卫星事业做出了重要贡献。

实验 4.3　交流伺服电动机控制实验

一、实验目的

(1) 掌握交流伺服系统的使用方法。
(2) 掌握交流伺服电动机控制程序的设计方法。
(3) 学习 PLC 控制系统的硬件电路设计、程序设计及调试方法。

二、实验设备

(1) PLC 实验平台(FX_{3U}-48M)，1 台。
(2) PC(含编程软件 GX Developer 8.0)，1 台。
(3) 编程电缆+连接导线，若干。
(4) 断路器(QF1、QF3)，2 个。
(5) 接触器(KM3)，1 个。
(6) 继电器(KA2)，1 个。
(7) 伺服电动机(MSMA042A1G)，1 台。
(8) 伺服驱动器(MSMA043A1A)，1 台。
(9) 按钮，8 个。

三、实验原理

伺服电动机也称为执行电动机，在控制系统中作为执行元件，其作用是将所接收到的电信号转换为电动机轴上的转角和速度，以带动控制对象。

伺服电动机分为交流伺服电动机和直流伺服电动机两种，它们最大的特点是可控。本实验中采用的是交流伺服电动机。当有控制信号输入时，伺服电动机转动；当没有控制信号输入时，伺服电动机停止转动。改变控制电压的大小和相位(或极性)就可改变伺服电动机的转速和转向。因此，与普通电动机相比，伺服电动机具有如下特点：

(1) 调速范围宽广。随着控制电压的改变，伺服电动机的转速能在宽广的范围内连续调节。

(2) 转子的惯性小，即能实现迅速启动、停转。

(3) 控制功率小，过载能力强，可靠性好。

交流伺服电动机典型控制系统框图如图 4.3 所示。

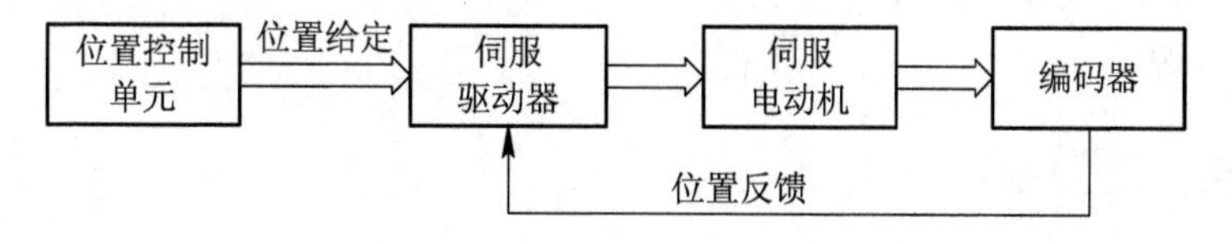

图 4.3　交流伺服电动机典型控制系统框图

伺服驱动器是专用于对伺服电动机进行控制的电气装置，其通过改变输入信号来对电动机的转速和转角进行控制。目前，伺服驱动器的输入有两种方式：一是模拟量控制式，采用这种输入方式的伺服驱动器是通过改变输入电压的大小来控制电动机的转速或转角的；二是数字控制式，采用这种输入方式的伺服驱动器是通过改变脉冲信号来控制电动机的转角、转速和方向的。

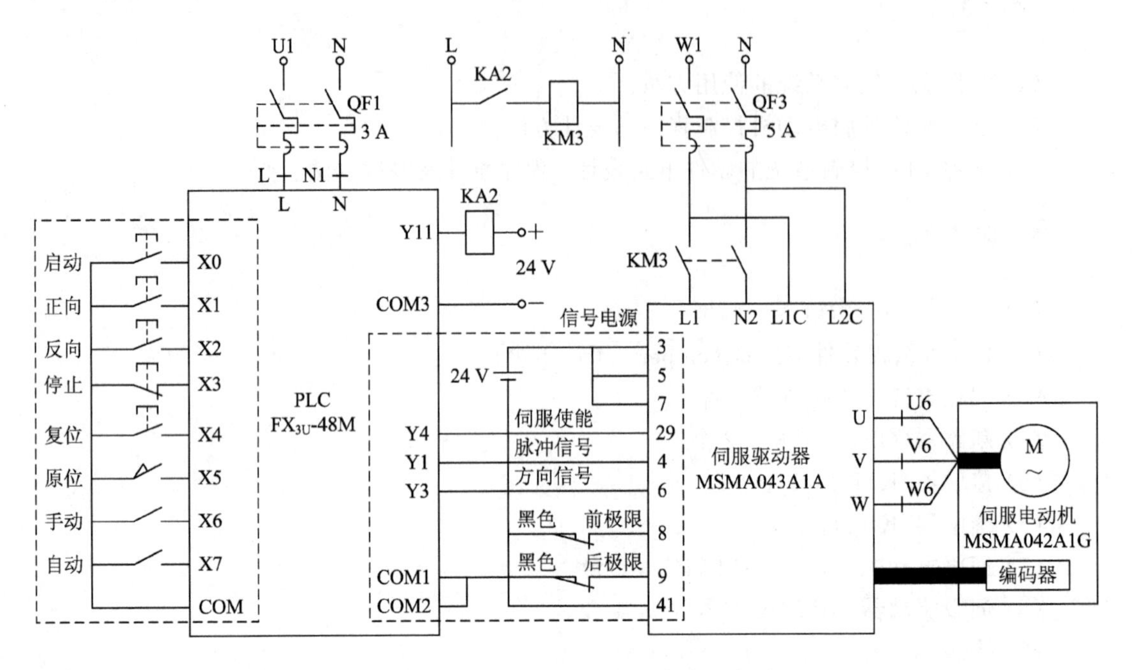

图 4.4 交流伺服电动机控制实验电路图

四、实验步骤

（1）断开断路器 QF1、QF3，按图 4.4 所示的实验电路图接线（虚线框外的连线已接好）。

（2）经老师检查合格后合上断路器 QF1 和 QF3。

（3）将面板上的“工作方式”旋钮旋至“点动”。

（4）输入 PLC 程序并运行。

（5）按下“启动”按钮，接触器 KM3 的主触头闭合，伺服电动机得电，延时 2 s 后信号由 PLC 的输出口 Y4 输出，使伺服电动机准备好。

（6）将“工作方式”旋钮旋至“手动”，按下“正向”或“反向”按钮，将丝杆进行手动调整。

（7）依次给数据寄存器输入不同的数据，按下“正向”或“反向”按钮，观察伺服电动机的运行情况。

（8）按下“停止”按钮，伺服电动机停转。

（9）断开电源。

五、实验说明及注意事项

（1）直流 24 V 电压的极性不能接反，否则会损坏行程开关和伺服驱动器。

(2) 前、后极限开关和原位开关有正、负极性，一定要将黑色接线柱的一端接电源负极，而另一端接交流伺服电动机的信号端和PLC的输入端。

六、实验报告要求

画出PLC控制程序梯形图，并写出相应的指令代码。

七、思考题

(1) 影响交流伺服电动机定位精度的主要因素是什么？

(2) 本实验所运用的控制系统属于开环位置控制系统、闭环位置控制系统、半闭环位置控制系统中的哪一种？

每课一星

屠呦呦，中国药学家，中草药化学家，2016年度国家最高科学技术奖获得者。2015年，她因在研究青蒿素及其衍生物的发现与应用中做出的杰出贡献，获得了2015年诺贝尔生理学或医学奖。她的发现极大地推动了疟疾的治疗与预防，挽救了无数生命，被誉为“中华民族的光荣”。屠呦呦自学创业，坚持走自己的科研路线，长期潜心研究中药，并不断尝试将传统药材转化成世界公认的现代药物。

实验 4.4　步进电动机控制实验

一、实验目的

(1) 掌握步进电动机及其驱动器的使用方法。
(2) 掌握步进电动机基本动作参数的设定及控制方法。
(3) 学习 PLC 控制系统的硬件电路设计、程序设计及调试方法。

二、实验设备

(1) PLC 实验平台(FX_{3U}-48M)，1 台。
(2) PC(含编程软件 GX Developer 8.0)，1 台。
(3) 编程电缆＋连接导线，若干。
(4) 断路器(QF1、QF2)，2 个。
(5) 接触器(KM2)，1 个。
(6) 继电器(KA1)，1 个。
(7) 步进电动机(45BYG250B)，1 台。
(8) 驱动器(SH-20403)，1 台。
(9) 按钮，6 个。

三、实验原理

步进电动机是一种将电脉冲信号变换成相应的角位移或直线位移的机电执行元件。当输入一个电脉冲时，它便转过一个固定的角度，这个角度称为步距角，简称步距。脉冲一个一个地输入，电动机便一步一步地转动，步进电动机因此而得名。

步进电动机的位移量与输入脉冲数严格成正比，这样就不会引起误差的积累，其转速与脉冲频率和步距角有关。控制输入脉冲数、频率及电动机各相绕组的接通次序，可以得到各种需要的运行特性。

若想改变步进电动机的旋转方向，只要改变通电顺序即可。步进电动机的转速既取决于控制绕组的通电频率，又取决于绕组的通电方式。三相步进电动机一般有单三拍、单双六拍及双三拍等通电方式，其中，“单”是指每次切换前后只有一相绕组通电，“双”指的是每次有两相绕组通电，而从一种通电状态转换到另一种通电状态就叫作“一拍”。“单三拍”是指定子绕组有三相，每次只有一相绕组通电，而每一个循环只有三次通电，如 A－B－C－A 的通电方式；“双三拍”是指每次有两相绕组通电，每一个循环有三次通电，如 AB－BC－CA－AB 的通电方式；“单双六拍”是指单相通电和双相通电交替出现，每一个循环有六次通电，如 A－AB－B－BC－C－CA－A 的通电方式。

四、实验步骤

(1) 断开断路器 QF1、QF2，根据图 4.5 所示的实验电路图接线(虚线框外的线路已接好)。

(2) 经老师检查合格后合上断路器 QF1 和 QF2。

(3) 输入 PLC 程序并运行。

(4) 按下"启动"按钮，接触器 KM2 的主触头闭合，步进电动机得电。

(5) 按下"正向"按钮或"反向"按钮，观察电动机的情况。

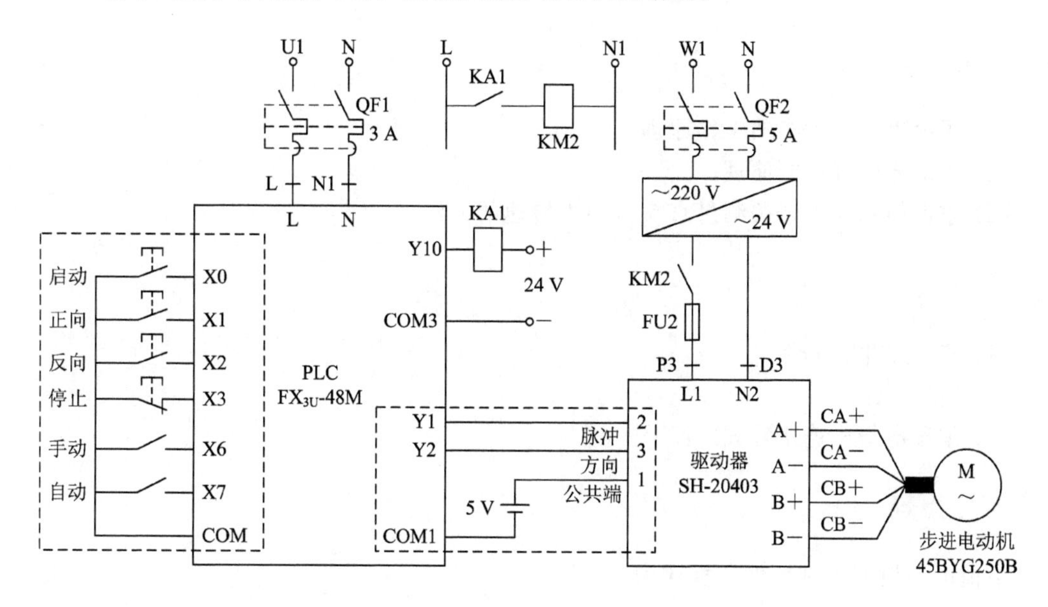

图 4.5 步进电动机控制实验电路图

(6) 按下"停止"按钮，接触器 KM2 的主触头断开，驱动器断电。

(7) 断开电源。

五、实验报告要求

画出梯形图，写出指令代码，并分析实验结果。

六、思考题

(1) 从实验的角度说明步进电动机的工作原理。

(2) 根据实验现象说明步进电动机的特点，并与三相异步电动机比较，说明步进电动机的使用场合。

每课一星

王选，计算机文字信息处理专家，计算机汉字激光照排技术创始人，国家最高科学技术奖获得者，中国科学院学部委员，中国工程院院士。他主要致力于文字、图形、图像的计算机处理研究。2009 年，他被评选为 100 位新中国成立以来感动中国人物。2018 年，他被授予改革先锋称号，颁授改革先锋奖章，并获评"科技体制改革的实践探索者"。2019 年，他被评选为"最美奋斗者"。

实验 4.5 直流电动机控制实验

一、实验目的

(1) 了解直流电动机的工作原理。
(2) 了解光电开关的原理。
(3) 掌握使用光电开关测量直流电动机转速的方法。

二、实验设备

(1) 51 实验仪，1 套。
(2) PC，1 台。
(3) 编程电缆+连接导线，若干。

三、实验原理

直流电动机的机械特性方程式为

$$n=\frac{U}{K_e\Phi}-\frac{R_a+R_{ad}}{K_eK_t\Phi^2}T$$

式中，n 为转速，U 为电枢供电电压，Φ 为主磁通，K_e 为电势常数，K_t 为转矩常数，R_a 为电枢电阻，R_{ad} 为电枢电路的外接电阻，T 为电磁转矩。

由直流电动机的机械特性方程式可知，改变电枢电路的外接电阻 R_{ad}、电枢供电电压 U 或主磁通 Φ，可以得到不同的机械特性，使得在负载不变时可以改变直流电动机的转速，达到速度调节的要求。

四、实验步骤

(1) 按照下述方式完成接线。
① 数/模转换器 DAC0832 的片选 CS 接到 CPU 总线、I/O 接口的片选 CSI。
② 数/模转换器 DAC0832 的转换电压输出 OUT 接到功率放大电路的信号输入 IN1。
③ 功率放大电路的信号输出 OUT1 接到控制电压输入的 CTRL 端。
④ 光电开关脉冲输出 REV 接到 CPU 总线、I/O 的接口 P3.3(INT1)。
⑤ I^2C 总线的数据线 SDA 接到 CPU 总线、I/O 的接口 P3.0(RXD)。
⑥ I^2C 总线的时钟 SCL 接到 CPU 总线、I/O 的接口 P3.1(TXD)。
⑦ I^2C 总线的按键的列线 A 接到 LED 键盘的按键的列线 A。
⑧ I^2C 总线的数码管段码 B 接到 LED 键盘的数码管段码 B。
⑨ I^2C 总线的数码管选择脚 C 接到 LED 键盘的数码管选择脚 C。
⑩ I^2C 总线的按键行线 D 接到 LED 键盘的按键行线 D。
(2) 接通电源，输入并运行程序。

（3）数/模转换器DAC0832的输出电压经功率放大后驱动直流电动机，利用单片机的计数器记录光电开关的通关次数并经过换算得出直流电动机的转速，然后将转速显示在LED上。

（4）利用LED键盘的0、1号按键控制直流电动机转速的快慢。

（5）调节不同的转速，将万用表的输入和输出分别接到控制电压输入的CTRL端和接地端，测量直流电动机的电压值，记录数据，观察直流电动机的运行情况(观察直流电动机的运行情况时，注意启动、停止时直流电动机的运行状况)。

（6）关闭实验仪的电源，拔去电线，盖上实验仪盖子，整理记录数据，关闭电脑。

五、实验报告要求

编写程序，绘制电路图，并描述实验现象。

六、思考题

（1）从实验的角度说明直流电动机的工作原理。

（2）根据实验现象说明直流电动机的特点，并与三相异步电动机、步进电动机比较，说明直流电动机的使用场合。

每课一星

钟南山，中共党员，呼吸病学学家，广州医科大学附属第一医院国家呼吸系统疾病临床医学研究中心主任，中国工程院院士，中国医学科学院学部委员，中国抗击非典型肺炎、新冠肺炎疫情的领军人物，中华医学会会长，呼吸疾病国家重点实验室主任、国家卫健委高级别专家组组长、国家健康科普专家。2020年8月11日，钟南山被授予“共和国勋章”；9月4日，钟南山入选2020年“全国教书育人楷模”名单；11月3日，钟南山被授予2020年度何梁何利基金“科学与技术成就奖”。

参 考 文 献

[1] 邓星钟. 机电传动控制[M]. 3版. 武汉：华中科技大学出版社，2001.
[2] 刘兰. 机械原理与机械设计实验指导[M]. 武汉：华中科技大学出版社，2020.
[3] 张卫芬，李永梅，董祥国，等. 智能制造背景下机械工程专业课程体系信息化改造[J]. 无线互联科技，2020，17(21)：157-159.
[4] 杨叔子，杨克冲. 机械工程控制基础[M]. 5版. 武汉：华中科技大学出版社，2005.
[5] 王显正，莫锦秋，王旭永. 控制理论基础[M]. 3版. 北京：科学出版社，2018.